D1662522

Herausgegeben von Ulrich Conrads
unter Mitarbeit von Peter Neitzke

Beirat:
Gerd Albers
Hansmartin Bruckmann
Lucius Burckhardt
Gerhard Fehl
Herbert Hübner
Julius Posener
Thomas Sieverts

Christoph Hackelsberger

Beton:
Stein der Weisen?

Nachdenken
über einen Baustoff

Friedr. Vieweg & Sohn   **Braunschweig/Wiesbaden**

CIP-Titelaufnahme der Deutschen Bibliothek

Hackelsberger, Christoph:
Beton: Stein der Weisen?: Nachdenken über
e. Baustoff / Christoph Hackelsberger. –
Braunschweig; Wiesbaden: Vieweg, 1988
    (Bauwelt-Fundamente; 79)
    ISBN 3-528-8779-X

NE: GT

Die Abbildung auf der vorderen Umschlagseite zeigt die Innenansicht
einer Flugzeughalle von 1935 von Pier Luigi Nervi.

Der Verlag Vieweg ist ein Unternehmen der Verlagsgruppe Bertelsmann.

Umschlagentwurf: Helmut Lortz
Satz: R. E. Schulz, Dreieich
Druck und buchbinderische Verarbeitung: Lengericher Handelsdruckerei, Lengerich
Printed in Germany

ISBN 3-528-08779-X   ISSN 0522-5094

Inhalt

Vorbemerkungen

Wenn derzeit, gleich in welchem Zusammenhang, die Worte ‚Beton‘, ‚betonieren‘ vorkommen, so kann man beinahe sicher sein, es gälte etwas abzuwerten, ein Geschehen zu denunzieren und anzuklagen. Andererseits lassen sich vereinzelt entschuldigende, apologetische Äußerungen orten. Unbefangene Erwähnung findet dieser zum Alltag gehörende Baustoff schon lange nicht mehr.

Dies stimmt nachdenklich. Da ist ein Material nicht nur ins Gerede gekommen, wie viele andere Erzeugnisse des Industriezeitalters, deren tatsächliche Schädlichkeit bis hin zur bedrohlichen Giftigkeit inzwischen offenbar wurde; da ist viel mehr geschehen und dahinter zu suchen.

Ein Begriff wurde negativ belegt, dient nun als Sammelbezeichnung für Abzulehnendes. Derartig griffige Symbolisierungen, Zusammenfassungen in einem Brennpunkt, kommen immer wieder vor; wir kennen das aus der Geschichte. Eine ähnlich negative Belegung hatte seinerzeit, von heute aus kaum mehr verständlich, das Wort ‚Holz‘ erfahren.

‚Holz‘, ‚hölzern‘, in den mannigfachsten Wortverbindungen, galt als etwas Rohes, ungelenk Starres, Zweitrangiges. Verständlich wird diese Ablehnung dann, wenn man weiß, daß Holz ehemals der primitive Massenbaustoff schlechthin war und für untergeordnete Bauwerke, Werkzeuge und Alltagsgegenstände, vor allem im bäuerlichen Bereich, ständig verwandt wurde. Mit wachsender Geringschätzung in der Zeit des Feudalismus grenzte man sich nun oben von denen unten ab, indem man deren Lebensart, Bewegungsweise, Gliedmaßen für schlechthin hölzern erklärte. Ohne weiteres ließen sich andere Beispiele finden – so ‚Blech‘ und ‚blechern‘ – und auch in anderen Bereichen wurden immer wieder metaphorische Abwertungen geläufig.

Obwohl sich gewisse Parallelen der Abschätzigkeit zeigen, hat es insgesamt aber noch nie einen Baustoff gegeben (und noch dazu einen, dessen Entwicklung so weit zurückreicht), der so einhellige Ablehnung erfahren hätte wie der Beton. Die Besonderheit steigert sich mit dem keineswegs unbegründeten Verdacht, die breite Öffentlichkeit, aber auch Zeitgenossen, die es eigentlich dank ihrer Ausbildung besser wissen müßten, seien nicht besonders genau über die Substanz informiert, der sie so viel Feindseligkeit entgegenbringen. Ist es dem Beton vielleicht zugefallen, Symbol für die allgemein als negativ angesehene Gesamtentwicklung, für die wachsende Unwirtlichkeit gegen Ende unseres Jahrhunderts zu werden? Dieser Verdacht liegt nahe, will jedoch überprüft und, wenn möglich, erhärtet sein.

So stellt sich die Frage, warum gerade dieses einerseits unscheinbare, andererseits tatsächlich allgegenwärtige Material zum Zeichen werden konnte.

Die Antwort darauf reicht ins Sozialpsychologische, wenn nicht ins Metaphysische.

Eigentlich hätten die zwei Weltkriege hinreichend verdeutlichen müssen, daß der Fortschritt, die große Idee der Aufklärung, der Verbesserung der menschlichen Lebensbedingungen durch Wissen und Technik, zumindest ambivalent seien. Der bereits erreichte totale Anspruch von Wissen und Technik einerseits und der ebenso meßbare wie gewichtige Abstand zu erreichbar besseren Verhältnissen andererseits ließen indes wirklich breites, kritisches Potential und klare Sicht nicht aufkommen. Es ging ersichtlich weiter aufwärts, auch in der Breite, in Sprüngen, nach jedem Absturz in die rational erzeugte Irrationalität rascher. Der Preis für die allgemeine Denaturierung und in Aussicht stehende Nurnützlichkeit wurde dabei, blieb nur alles in rascher Bewegung, nicht oder einzig von stimmlosen Gruppen für zu hoch empfunden.

Bewegung an sich war allgemeines Generalanliegen, Motivation für alle. Dies akzelerierte Auf-dem-Weg-Sein, ein Freiheitsgrad besonderer Art, trug bis zur Fast-Saturierung. Erst der Ölschock 1974, dazu die großen Endzeitszenarien des Club of Rome und Global 2000, bewirkten, weit über die wirtschaftlichen Anlässe hinaus, psychosoziales Einrasten, irritiertes Umsichsehen und destabilisierende Ängste, undeutliche Besinnungen.

Seither läuft der irrationale Versuch einer Restauration, erspürt, aber schon erneut vermarktet, die geradezu schizophren anmutet.

Während die Partei derer, die nicht zuletzt aus ethischen Gründen eine neue Natürlichkeit anstrebt – ohne ausreichend tiefe Einsicht in die Tragweite der durch Rationalität bewirkten Veränderung der Welt – und einer Restitution natürlicher, besser: für natürlich geglaubter Verhältnisse das Wort redet, erpreßt die Partei der Macher – unstreitig im Besitz der Macht – zwar mit anderen Motiven, aber nicht weniger irrational, den ständig akzelerierten, unvernetzt und damit unintelligent vorangetriebenen Fortschritt. Dabei ist die letztere durchaus in der Lage, die Kosten solch perverser Aktionen ständig zu sozialisieren und sowohl real als auch besonders psychisch auf die ihr ausgelieferten Gruppen der passiven oder Widerstand leistenden Gegenseite abzuwälzen.

Das Gesetz der ‚Ästhetischen Ökonomie‘, umfassenden Nutzen bei Minimierung des Aufwandes zu stiften, der vor allem auch verträglich sein muß (sonst kann ja von Ästhetik keine Rede sein), wird absichtlich oder unabsichtlich nicht begriffen, da die Gesellschaft ohnehin, zumal in Deutschland, seit der Zwangsgeburt des Nationalstaates unbequeme Erkenntnisse verdrängt und sich lieber mit vollständiger Doppelbödigkeit der Existenz abfindet.
Mißtrauen läuft von unten nach oben in Wellen durch die Gesellschaft, ebenso umgekehrt, und breitet sich horizontal aus. Zu viel an Zumutungen hat es gegeben. Was Wahrheit ist, wechselt im Zehnjahresrhythmus, Konstanten sind nicht auszumachen. Ununterbrochen bahnt sich leise etwas an, verhärtet sich, wird monströs und unbeweglich, nicht mehr reversibel und muß, wenn dies überhaupt möglich sein sollte, vom einzelnen und der Allgemeinheit dünn, zu dünn mit dem Humus der Lüge überzogen werden, um dann, schütter begrünt, in die heimische Landschaft zu passen.
Diese zum Alltag gewordene Vertuschung führt dazu, daß man die Verfestigungen zu hassen beginnt, zumal das Humusieren vergeblich ist, Gras nicht wächst und die Lügen und Fehler rasch wie bleichgewaschene Knochen an der Oberfläche herumzuliegen beginnen.
Die großen und miserablen Arrangements – die Aufrüstung, die Kernkraft, der gewaltsame Städtebau, die Hochhausideologie – erregen (obwohl getarnt, abgewiegelt, vernebelt wird, um ‚voranzukommen‘ im Fortschritt, der sich vor allem als Geschäft herausstellt) Gefühle der Ohnmacht, die bis hin zu Haß und schwerer Aggression reichen.
Die trickreich besetzte legale Macht, inzwischen längst eine Art ‚Konzernspitze‘, setzt ja auch für Ziele, die sich später als unsinnig herausstellen, Übermacht ein; sie läßt prügeln und räumen, richtet sich das Gesetz und versprüht Ideologie.
Dies geschieht auch im baulichen Rahmen, man denke nur an die Auseinandersetzungen im Frankfurter Westend. All dies akkumuliert sich zur Bedrohung, wird immer härter, am Schluß hart wie Beton, der nur mit Gewalt zu beseitigen ist.

So gesehen, kann Beton durchaus zum Ausdruck der Repression werden, zumal er auch real etwa im Fall von Sanierungen, zur Betonierung veränderter Verhältnisse repressiv eingesetzt wurde.
Die Sicht ist indes unscharf. Auch die Macher haben dem Beton schnell den Laufpaß gegeben. Die neue Niedlichkeit benutzt angeblich andere Stoffe. Die alte Gewalttätigkeit hatte beinahe den Vorzug der ehrlichen Ablesbarkeit. Die Bauweisen der ‚Wende' sind um nichts weniger repressiv, sie lügen nur geschmeidiger. Der Beton tritt zurück, die Oberflächen zeigen gegenüber den Ansprüchen der Irritierten scheinbar Nachgiebigkeit, auch formal durch Regionalismus und die eklektische Altertümelei, die sich heute an alles und jedes anschmeißt, an die Bevölkerung, an den Baubestand, vor allem aber an die marketinggesteuerten Bedürfnisse, die jeden Tag neu erzeugt werden. Die Verfestigung ist durch die restaurative Tendenz eher gewachsen als geringer geworden. Die Macht hat, psychologisch trainiert, die neue Dimension der Eingängigkeit erhalten. Zweckrationalität steht nun nicht mehr in Spalte 1 des Grundbuches; ihr reichen auch die Plätze weiter hinten, um noch nachhaltiger einwirken zu können. Sie hat sich nur pro forma aus dem Bild, aus der Flächenhaftigkeit entfernt, um in der dritten und vierten Dimension radikal zu sein.
Doch zurück zum schlichten Baustoff Beton, zu seiner Unvermeidbarkeit, oder, positiv gesagt, Unentbehrlichkeit.
Beton, dies ist einsichtig, ist aus dem 20. Jahrhundert nicht mehr wegzudenken. Wird irgendwo eine gewaltige Schleusenanlage eröffnet, so spielt Beton die Hauptrolle. Ereignet sich, wie in Tschernobyl geschehen, eine Reaktorkatastrophe, so soll Beton als ‚Überkronung' der Schadstelle, als Schutzwall vor unabsehbaren Weiterungen dienen, wenigstens mittelfristig. Ist ein Fundament zu legen, gleich ob für eine Hütte oder einen riesigen Palast, dann rammen wir keine Eichenfähle ein, legen keine Balkenroste, Quader oder Wacken, sondern bauen mit Beton,
Beton ist Alltag, sichtbar oder mehr noch, der Menge nach, unsichtbar. Ist es seine graue Alltäglichkeit, die uns, angesichts unserer eigenen grauen Alltagswelt, in einer Art Selbsthaß gegen ihn antreten läßt?
Beton als Material der Industriemoderne zu werten und deshalb abzulehnen, als Stoff der ökonomischen Ausbeutung, ist schon historisch kaum haltbar. Wir werden im geschichtlichen Teil der Darstellung sehen, daß die römische Großarchitektur der Kaiserzeit, aber auch schon die technischen Bauten der Republik ohne Betonverwendung gar nicht denkbar waren.

Seit 2000 Jahren also gibt es Beton, allerdings mit einer Unterbrechung von rund 1200 Jahren (dies gilt nicht für den römischen Osten und seine Nachfolger).

Erst zu Beginn der siebziger Jahre dieses Jahrhunderts (sieht man von zu erwähnenden Einzelerscheinungen ab) kam der Beton mehr und mehr in Verruf. Ein alter Baustoff, alte konventionelle Technik, die des Gusses – auch darüber wird zu berichten sein – verfallen plötzlich allgemeiner Verdammnis. Warum?

Das erhärtende Gemenge, man könnte es als eine Gesteinsart aus Kies, Sand, Zement und Wasser bezeichnen – Zement, wiederum gebrannt aus natürlichem Kalkstein unter Zusatz von Ton zu Zementklinkern, gemahlen, mit Wasser chemisch reagierend und auch mit Bestandteilen der Luft –, ist grundsätzlich weder mehr noch weniger manipuliert als jeder gebrannten Tonscherben. Seine einzige vom als überaus gesund gepriesenen Kalkmörtel abweichende Eigenschaft ist zuletzt nur seine hydraulische Fähigkeit, unter Luftabschluß, auch unter Wasser, zu erhärten. Der Prozeß ist eine natürliche chemische Reaktion, abhängig von richtig gewählten, aus der Natur stammenden Zuschlagstoffen. Sollte man dies bei solcher Kenntnis in Zweifel ziehen, so wäre erst einmal eine Definition dessen erforderlich, was ,natürlich' ist und was nicht.

Insbesondere seit dem Aufkommen baubiologischer Strömungen wird behauptet, Beton sei ein durch und durch künstlicher, ungesunder Baustoff. Daß Beton Krebs errege, magnetische Felder abschirme oder verändere, krank mache, ja, sogar radioaktiv strahle, stellt ein wirres Gemisch aus unbewiesenen Behauptungen, unrichtiger Deutung bzw. Überbewertung physikalischer Fakten und verzerrender Hervorhebung selbstverständlicher Einsichten dar. So ist bis heute nicht erwiesen (und es spricht auch nach dem derzeitigen Stand des Wissens nichts dafür), daß Beton mit Krebs in Verbindung gebracht werden könnte. Nachdem bislang mitnichten geklärt ist, wie Krebs ursächlich entsteht, andererseits immer mehr krebserregende Stoffe gefunden werden, ist jeglicher Spekulation und Mystifikation Tür und Tor geöffnet; die Unheimlichkeit dieser Krankheit eignet sich auch bestens zur Einschüchterung. Daß Beton das erdmagnetische Feld verändere, ist schlichtweg falsch. Wer diese Behauptung widerlegen möchte, braucht nur mit einem Kompaß durch einen Betonbau zu gehen; er wird keinerlei Ablenkung der Kompaßnadel bemerken.

Anders verhält es sich, und von hier rührt wohl die Verwirrung, mit der luftelektrischen Ladung. Deren schwache, zwischen acht und 15 Hertz liegende Schwingungen werden natürlich auch vom Beton verändert, genauer gesagt, abgeschirmt. Die gleiche Abschirmung leistet aber zum Beispiel schon ein Feuchtigkeitsfilm auf einem Ziegeldach, oder schlicht alles wirkt ein, was gegenüber der Luft der Ionosphäre erhöhte Dichte und damit Leitfähigkeit besitzt. Um Stahlbeton als Faradayschen Käfig wirksam werden zu lassen, müssen Stromspannung und Frequenz viel höher sein. Dies mag bei Bauwerken zutreffen, welche unter der Trasse und im Feldbereich einer 110 KV/50 Hertz Hochspannungsleitung liegen. Im übrigen bildet bekanntlich jedes Auto, Flugzeug einen Faradayschen Käfig, der viel vollkommener ist als ein Stahlbetonbau.

Während das ganze Gerede über Magnetismus und elektrische Felder unerheblich ist, hat eine andere physikalische Meßgröße , die der Elastizität oder der mechanischen Schwingungen, Bedeutung. Beton hat, wie übrigens jeder Mauerwerksbaustoff auch, gleich ob aus Ziegeln oder aus Naturstein, eine andere mechanische Schwingungszahl als etwa der organische Baustoff Holz. Mit diesem verglichen ist er unelastisch, starr. Die Schwingungszahl des Holzes gleicht aufgrund ähnlicher Faserstruktur der des Stützgewebes unseres Skeletts, des Collagens also. So kann man zum Beispiel bei Elastizitätsvergleichsmessungen das Verhalten von Knochengewebe durch Eichenholz, das etwa die gleiche Schwingungszahl wie Knochen besitzt, simulieren. Sicherlich trägt diese (übrigens auch noch stark längenabhängige Frequenzähnlichkeit) dazu bei, daß Holz als sympathisch empfunden wird. Doch der Gegensatz zu Holz ist nicht Beton, sondern schlicht alles nicht Gewachsene.

Warum Beton physisch krank machen soll, bauphysikalischen und physiologischen Bedingungen Rechnung tragende Verwendung vorausgesetzt, ist also unerfindlich. Daß er dies psychisch bewirken kann, direkt oder übertragen, ist indes augenscheinlich. Die Gefühle der Ohnmacht, des Umstelltseins, die zweckrationalen Zwänge zu ständiger Akzeleration, zum Mithaltenmüssen bewirken tiefe, alle vernünftigen Bindungen auflösende Ängste. Versuche, diesem ‚Hinausgeschossenwerden' zu entgehen, enden schnell in privatistischem Eskapismus. Die Einsicht wächst, daß die gesamtgesellschaftliche Kontrolle, das System der Demokratie, mindestens in ihrer derzeitig manipulierten Form dem allgemeinen Kulturprozeß nicht gewachsen ist. Die Konfrontation jedes einzelnen mit scheinbar rational ablaufenden Entwicklungen, die – von Interessenten mit riesigem Aufwand als für die Allgemeinheit nützlich, positiv, ja unerläßlich dargestellt und vermarktet –

plötzlich verheerende, ja, katastrophale Schwächen bis hin zur Lebensbedrohung zeigen, kennen wir inzwischen im gesamten technischen Bereich. Gerade im Wiederaufbau und der Zeit des Vollausbaus wurden aber Bauen und Städtebau als machbare Größen diesem zugeschlagen. Auch hier zeigte die verengt zweckhafte Großtechnik ihre Gemeingefährlichkeit. Wieder war Betonverwendung scheinbar (aber auch tatsächlich) die materia prima dieser Afterrationalität, welche in Wirklichkeit in ihrer dümmlichen Verengung ein Hohn auf human-rationales Verhalten ist.

So ist die psychische Allergie durchaus ernstzunehmen, bedarf aber, dies muß im Interesse aller liegen, aufklärender Beleuchtung. Ängste sind gefährliche Ratgeber. Wir müssen auf Sorgfalt bestehen, wenn wir nicht Gefahr laufen wollen, daß unsere Ängste erneut, zwar nicht rational bewältigt, dafür aber um so rationeller ausgebeutet werden. Gerade dieser Versuch einer sorgsamen Genauigkeit ist aber der eigentliche Anlaß, im Eingangskapitel dieses Buches und auch später viele recht nüchterne Klarstellungen zu versuchen. Es geht also niemals um Beschönigung; es soll ja nichts verkauft werden. Urteilsfähigkeit ist gefragt.

Die Behauptung, Beton sei vielfältig belastet, so durch die zu Recht gefürchtete Radioaktivität, ist irreführend.
Die vom Beton ausgehende radioaktive Strahlung ist seit Erfindung hochempfindlicher Dosiometer meßbar. Die Strahlung rührt von den natürlichen Zuschlagstoffen des Betons her und bewegt sich im vernachlässigbaren Bereich. Wesentlich höher als bei Beton, der ja nur zu Teilen aus strahlenden Zuschlägen besteht, ist die Strahlungsrate bei magmatischen oder Eruptivgesteinen, wie Granit, Sienit, Porphyr und Basalt, da die Radionuklide 238 Uran, 232 Thorium und 40 Calium in diesen aus der Lithosphäre stammenden Gesteinsarten, gemessen an anderem Gesteins- und Bodenmaterial, sehr stark vertreten sind.
All die möglichen Strahlungsintensitäten und -mengen werden aber spielend von dem übertroffen, was wir als schön, erholsam und gesund empfinden: von der an einem klaren, sonnigen Sommer- oder Wintertag auftretenden radioaktiven Strahlung hoch oben in der sauberen Bergluft.

Was steckt nun im einzelnen hinter den Behauptungen, Übertreibungen und Diffamierungen?

Vieles von den weit verbreiteten, ‚objektiven' Befunden stammt von Erzeugergruppen, die sich durch das Material Beton und durch die Entwicklung der Verarbeitungstechnik allzusehr bedrängt fühlten und nun, überaus wirksam, aus den Nebeln des verbreiteten Unbehagens und Irrationalismus heraus zum Gegenangriff angetreten sind. Geholfen haben ihnen die Umkehr des sogenannten Zeitgeistes, undisziplinierte Verwendung, Ignoranz und unseriöse Gestaltungsprioritäten von Anwendern, die sich nicht um die physikalischen Bedingungen kümmerten, die jegliches Material mehr oder weniger zwingend fordert, vor allem wenn es in engen Kontakt mit den physiologischen und psychischen Bedingungen des Menschen kommt.

Doch ist das Grund genug etwas abzulehnen, nur weil damit wider besseres Wissen, aus bloßer Ignoranz oder bewußter Inkaufnahme in einer gewissen – leider nicht allzu geringen – Zahl von Fällen falsch gearbeitet wurde?

Dabei war Beton einst ein Material der Zuversicht. Gleich zu Beginn der Wiederentdeckung des hydraulischen Bindemittels hat John Smeaton, ein hervorragendes Mitglied der Royal Society of Civil Engineers, 1776 den Leuchtturm von Edystone, der zuvor bereits zweimal zerstört worden war, so solide betoniert, daß er 130 Jahre lang unversehrt blieb. Dann war die Klippe, auf der er stand, derart unterspült, daß man ihn abtragen mußte.

Betonwende

Fragt man sich nach den vordergründigen Ursachen der Ablehnung eines ebenso vielseitig einsetzbaren wie unverzichtbaren Materials, dann gibt es eine ganze Reihe von Antworten. Erstaunlich ist, daß Beton sogar dort als vorhanden angenommen und gewisser baulicher, für betontypisch gehaltener Erscheinungsformen wegen, abgelehnt wird, wo er gar nicht verwendet worden ist. Auch natursteinverkleidete Bauten erleiden merkwürdigerweise das Geschick sogenannter ‚Betonkästen', gänzlich in Verruf zu kommen, obwohl kein Quadratzentimeter des verhaßten Baustoffs offen zutage tritt. In solchen Fällen reicht schiere formale Verwandtschaft zum Verdikt.

Unbestreitbar hat die Betonverwendung in der Zeit nach 1945 exponentiell zugenommen. Der Werkstoff trat zum einen mehr und mehr aus seiner dienenden Rolle heraus und wurde gestalterisch verwendet, zum anderen überschritt er die vormals seiner Anwendung gesetzten gebäudetypischen Grenzen. Aus den Anwendungsbereichen des Ingenieurbaus und des gewerblich industriellen Nutzbaus – von alters her galt nur der Brückenbau als kunst- und kulturwürdig, während riesige Wasserbauwerke, zum Beispiel Staudämme, eher als sensationell betrachtet wurden – drang der Beton nun in die Sphäre des nach bürgerlicher Auffassung kulturgewichtigen, architekturwürdigen Bauens vor, sogar in die des Wohnens. Zwar hatte es schon zu Beginn des 20. Jahrhunderts Betonbauten gegeben, so etwa die Münchner Anatomie oder die vielbewunderte Jahrhunderthalle in Breslau, und in Paris war Hennebiques Wohn- und Bürohaus an der Rue Danton bekannt geworden – um nur drei markante Beispiele zu nennen –, doch erregten diese Bauten aus unterschiedlichen Gründen keinen Anstoß, sondern trugen vielmehr zum Ruhm des Eisenbetons bei. Littmanns Anatomiegebäude ist bei aller Neuerung ein zurückgenommen eklektizistisches Gebäude nach klassischer Manier, und zudem erscheint Beton hier als Naturstein- oder Werksteinersatz, als Kunststein, und das neue Material läßt nur in wenigen Teilen Rückschlüsse auf seine konstruktiven Möglichkeiten zu. Wäre die Gußhaut des Gebäudes ohne Bearbeitung geblieben, schalungsrauh, so hätte dies als Zeichen der Unfertigkeit gegolten. Das beim Naturstein oft übliche Stehenlassen des Bossens und eine Ausführung von Randschlag um den Quader hätte man vielleicht imitiert, es wäre aber niemandem eingefallen, ein vollständiges Nachbearbeiten, das den Grundsätzen der Betonideologie kaum entspricht, zu unterlassen. So tritt Beton hier in gewisser Weise imitativ auf. Im Fall der Jahrhunderthalle mit ihrer phantastischen Rippenkonstruktion der Kuppel trat der Baustoff in Konkurrenz zum Stahl oder formal noch deutlicher zum damals schon bekannten Holzleimbau mit seiner Spantenbauweise. Die gewaltige Substruktion, wenn man so will: der Tambour der Kuppel, erinnerte an Brückenbauwerke aus der Massivbau- und Steinbauzeit, obwohl die Oberfläche deutlich als schalungsrauher Beton zu erkennen war. Wesentlichstes Indiz waren die Knoten und Stöße; hier war die aufgelöst monolithische Bauweise abzulesen. Hennebiques Rue'Danton 1 in Paris zeigte sich für den Betrachter äußerlich als konventionelles, eklektizistisches Wohn- und Geschäftshaus. Erst bei genauerem Hinsehen verspürt man die verborgene Rationalität der Konstruktion, die aber auch für ein ähnlich ausgelegtes Stahlskelett gegolten hätte. Im übrigen erfolgte die Flächenbearbeitung wie in München natursteinartig; die äußere Gußhaut, die Zementleimhaut, wurde abgearbeitet.

Derartige Überarbeitung und damit vermeintliche ästhetische Schönung in Richtung Grobputz oder Kunststein war im Industrie- und Ingenieurbau schon damals längst unüblich geworden. Dies war aber nur dadurch möglich, daß der Zeit der Industrieschlösser, die das neue Zeitalter der Arbeit pathetisch feierten, unter Konkurrenzdruck eine Periode äußerster Sachlichkeit gefolgt war.
Dem Industrie- und Gewerbebau war es nicht gelungen, die Bereiche des Untergeordneten zu verlassen; bis ins 20. Jahrhundert war er reiner Ingenieurbau. Der Gedanke von der Hierarchie der sichtbaren Baumaterialien bestand ja unentwegt fort. Was am haltbarsten, am teuersten und am intensivsten bearbeitet war, der Werkstein also, stand ganz oben in der Skala der Wertschätzung. Dieses Denken hatte alte Wurzeln.
In Zeiten, als das profane, ja, das bäuerliche Bauen vorwiegend mit Holz bewältigt wurde, während das sakral-aristokratisch-administrative, aber auch das ratsbürgerliche in Stein und, bei Nichtvorhandensein, auch in guten Ziegeln geschah, waren Unterscheidungsmuster ausgeprägt worden, die eigentlich unentwegt galten. Wie stark die Abqualifizierung des rohen Baustoffs war, zeigt sich darin, daß in weiten ländlichen Bereichen im 19. Jahrhundert

Max Berg, Jahrhunderthalle, Breslau, 1912–1913

Fachwerkhäuser oder Blockbauten durch Putz als Steinbauten dargestellt wurden, wollte der Besitzer etwas gelten.

Etwas durch egalisierende, verfeinernde Bearbeitung nicht nachzubehandeln bedeutete, einem Bauwerk geringeren Rang zu geben. Auch dies läßt sich am ländlichen Bauen ablesen, wo nach Verputzen der holzkonstruierten Wohnbauten Scheunen und Schuppen noch immer rohes Holz zeigten. Diese Ansicht war so verbreitet, daß niemandem der Gedanke der Materialgerechtigkeit, ja, der Natürlichkeit gekommen wäre, wie er von Arts and Crafts und vor allem von der Werkbundbewegung im Zug der Muthesiusschen Bestrebungen zur Veredelung der Industrieform herausgestellt wurde: „Der Zweck des Bundes", heißt es in der Werkbundsatzung aus dem Jahre 1908, „ist die Veredelung der gewerblichen Arbeit im Zusammenwirken von Kunst, Industrie und Handwerk, durch Erziehung, Propaganda und geschlossene Stellungnahme zu einschlägigen Fragen." Eine davon war eben die der Materialgerechtigkeit.

Doch es soll nicht vorgegriffen werden. Im Augenblick geht es erst um die Ausbreitung der Betonverwendung. Blättert man in J. Vischers und L. Hilberseimers *Beton als Gestalter,* erschienen 1928, eine der bemerkenswerten Streitschriften zur Einführung des Betons in die Architektur, so bemerkt man, daß die Beispiele nahezu ausnahmslos aus dem Bereich der Industrie-, Gewerbe-, Sport- und Ausstellungsbauten stammen, daß es also um diese Zeit noch nicht in der Breite gelungen war, den Beton in die ‚Architektur' einzuführen. Dies blieb so bis in die Zeit nach dem Zweiten Weltkrieg.

Der Wiederaufbau brachte verschiedene, aus den Baurationalisierungsanstrengungen des Wiederaufbaustabs Speer stammende Neuheiten.[*]

An erster Stelle steht technisch die nun massenhafte Verwendung der, was die Breitenwirkung angeht, wohl bedeutendsten Entwicklung der Stahlbetontechnik, der biegesteifen Platte. Waren vor dem Zweiten Weltkrieg vor allem im üblichen Wohnungsbau, aber überhaupt bei Konstruktionen geringer Spannweiten und normaler Lastannahme über 95 Prozent aller Zwischendecken, mit Ausnahme der Kellerdecken, zimmermannsmäßige Holzbalkenkonstruktionen – dies konnte man in den zerstörten Städten sehen und anläßlich der Bombenangriffe auch notfalls am eigenen Leib erfahren –, so eroberte die Betonplatte, die in der Vorkriegszeit höchstens Gewölbe oder

---

[*] s. Werner Durth, Deutsche Architekten. Biographische Verflechtungen 1900–1970, Braunschweig 1986, sowie Christoph Hackelsberger, Die aufgeschobene Moderne, München 1985

Trägerdecken über den Kellern abgelöst hatte, nun den Bereich der Zwischendecken in weitestem Umfang. Dies läßt sich vor allem dann sagen, wenn man Füllkörperdecken mit betonvergossenen Tragegliedern einbezieht. Auch Kellermauerwerk galt nun als obsolet. Stampfbeton, der schon in den zwanziger und dreißiger Jahren üblich geworden war, dünne Stahlbetonwände drängten in diesem Bereich das Mauerwerk völlig zurück. Noch geschah dies alles im nicht sichtbaren Bereich. Schon aber schoben sich Betonbauteile, zuerst zaghaft etwa an Balkonbrüstungen und -untersichten, dann unverhohlen ins Blickfeld.

Anlaß hierfür war im wesentlichen die im Krieg mächtig vorangekommene Organisationsform der Verwaltung jedweder Art. Schon den Ersten Weltkrieg hatten im Grunde weltweit die öffentlichen und privaten Verwaltungsbürokratien gewonnen. Es war der Sieg vordergründiger Rationalität des Einteilens, Disponierens, der modernen Logistik über das liberale Spiel konkurrierender Kräfte. Der Zweite Weltkrieg und vor allem die unmittelbare Nachkriegszeit hatten bewiesen, daß man alles zerschlagen dürfe, nur nicht die Aktentröge und Schreibtische.

So entstand in großer Breite anläßlich des Wiederaufbaus ein grundsätzlich neuer Bautypus, eine Mischung von Zweck- und Repräsentationsbau nach den funktionalen Gesichtspunkten der Verwaltung.

„Geschäfts- und Verwaltungsgebäude gehörten zu den das Bild der Zeit am nachdrücklichsten prägenden Architekturen. Abgesehen von traditionellen, mit dem Architekturvokabular der Jahre 1933 bis 1945 bewirkten Aussagen etwa der Bauten von Banken oder der Versicherungswirtschaft, verschiedener Versorgungsunternehmen und staatlicher Stellen, nahm man rasch die erheblichen Vorteile neuer Architektur auf. [. . .] Die DIN-Normung der dreißiger und vierziger Jahre hatte den Verwaltungsbau zum Rechenexempel werden lassen. Von der DIN A 4-Seite, dem Grundmodul der sprunghaft wachsenden privaten und öffentlichen Verwaltungsherrschaft über Aktentrog und Normbüro-Schreibtisch bis zur Normfensterachse führt ein gerader Weg. Die Unterteilung der Funktionsräume nach Achsen stand handsam vorgeprägt im ‚Neufert‘, dem Standardwerk, erschienen im Jahr 1936, welches zu einer Schlüsselvorlage der Epoche werden sollte. [. . .] Sind in frühen Beispielen [. . .] noch die zwanziger Jahre gegenwärtig [. . .], so kommt bald die berüchtigte, schmalbrüstige ‚Rasteritis‘ ins Bild. Im engen Abstand von 1,87 oder gar von 1,25 Metern steigen Stützen auf. Meist wird nicht unterschieden zwischen primärer Tragkonstruktion und sekundärer Teilungs-

Haus Prinz-Ludwig-Straße/Barerstraße, München, 1954

stütze. Dies ergibt eine kleinlich additive Struktur. Die enge Stellung der Stützen zeigt nichts mehr von den Möglichkeiten modernen Skelettbaus, die Rasterung ist also nicht konstruktiv bedingt, sondern folgt Gesichtspunkten der inneren Unterteilbarkeit.

Die Deckenplatten werden häufig vorgezogen. Zwei Stützen und zwei Decken grenzten also ein stehendes Rechteck, den Fassadenmodul ein, dessen Seitenverhältnis etwa 1 zu 2,5 (b/h) beträgt. Die Brüstungen sind zurückgesetzt, ebenso die einscheibigen Fenster, welche – dies war die beliebteste Lösung – als horizontale Wendeflügel ausgeführt wurden. Dieses kaum variable Raster überzieht die Bauten bis zur Unerträglichkeit. Das einfallslose Relief, der Vertikalismus, dessen Anprall an die nach Schweizer und schwedischem Vorbild irgendwo oben im sechsten oder zwölften Stock überkragenden, wie Karton wirkenden Dachplatten geradezu lachhaft wirkte, war kaum gestaltbar. Lediglich die Brüstungen oder die Stützenverkleidungen ließen sich kunstgewerblich oder durch Materialspiele beeinflussen. Gepflegtere Beispiele unterschieden wenigstens noch zwischen Primär- und Sekundärstützen, versuchten den Aufwärtsdrang der Stapelbauten in Rich-

20

tung Quadratraster abzumildern. Dies nützte indes wenig. Die Verwaltungsdoktrin in all ihrer additiven Stupidität und endlosen Wiederholung schlug doch auf die Architektur durch." (Christoph Hackelsberger, Die aufgeschobene Moderne, München 1985, S. 62 ff.)

Zwar gab es bedeutende Vorläufer in Metropolen, zum Beispiel das Shell-Haus von Fahrenkamp (1930 – 1932) in Berlin oder das 1928 – 1931 errichtete IG-Farben-Haus in Frankfurt von Hans Poelzig. Doch nun waren die Prämissen anders. Der Verwaltungsbau wurde vor allem dadurch dem Industriebau, der sich stetig nach technischen Bedingungen und in den Formen technischer Ästhetik entwickelt hatte, angenähert, daß die öffentliche Verwaltung nach der Katastrophe deutscher Staatlichkeit sich nicht mehr in Repräsentationsformen präsentierte, sondern ihren fortbestehenden Machtanspruch hinter funktionaler Neutralität zu verbergen suchte.

Gerade an diesen Mischformen des ehemals nachgeordneten Zweckbereichs und kulturbedeutsamer Repräsentation – auf diese wurde zuletzt doch nicht ganz verzichtet – trat Sichtbeton in jeder Form ans Licht. Hier wurde eine Bresche in die Materialhierarchie geschlagen. Mit diesem Bautypus begann die Architektur den Weg hin zur tatsächlichen oder auch nur vermuteten Massenhaftigkeit zu beschreiten. Noch wurde verschiedentlich geschönt, überarbeitet, noch gaben sich die Brüstungsfelder im Rastermaß kunstgewerblich. In zunehmendem Maße aber fanden sich, nützlicher Überlegungen wegen, aber auch aus den ästhetischen Motivationen der Materialehrlichkeit, Sichtbetonteile an maßgeblicher Stelle. Das ehemalige reine Konstruktionsmaterial des Industrie-, Gewerbe- und Hallenbaus begann die bürgerliche Materialhierarchie zu unterlaufen. Ich spreche hier nicht einmal von Avantgarde-Bauten der Le Corbusierschen Schule, sondern von jener gedämpften, beinahe verschämten Modernität, die unter Wahrung vieler bürgerlicher Vorbehalte damit begann, ‚Wäsche‘ zu zeigen. Solche ‚Kühnheiten‘ wurden vor allem gewagt, nachdem die Schweiz, Hort ungebrochener Bürgerlichkeit, dies vorgemacht hatte. Zwar ließ sich zum Beispiel der Gerling-Konzern von Arno Breker stumpfsinnige Bauwerke mit edlem Travertin verbrämen, und andere, der Ancienität bedürftige Newcomer, schwammen im Kielwasser solchen ‚Stils‘. Selbstbewußtere trauten sich für ihre herausragenden Wahrzeichen indes schon Sichtbeton zu.

Der Kirchenbau, progressiv wie nie, ließ Beton als Material der kargen Askese, der unverstellten Wahrhaftigkeit zu, ergab sich dem drängenden Laizis-

Siemens Verwaltung München, 1955–1956

mus, der die Hierarchie des Herkömmlichen aufheben wollte, was gewisse Parallelen zum Verhalten staatlicher oder öffentlicher Verwaltung aufweist. Hier war die Substanz nicht berührende Aktualisierung, Verfremdung möglich in der Großräumigkeit der Kirchen. Ohne Aufgabe von Positionen bewirkte dies materiell für die Gläubigen einen Kulturschock; kühne Modernität wurde ausgewiesen, der eigentlich, was das überlebenswichtige Selbstverständnis in einer pluralistischen Gesellschaft angeht, nichts entsprach. Auch der Ingenieurbau tat weiter das Seine, noch bestaunt im Sinn des Fortschritts, noch bewundert als – dies gilt vor allem für den Straßenbau – durch Kriegs- und Nachkriegszeit hintangehaltene *Mobilitätsermöglichung* des einzelnen.

Nach solcher Vorbereitung war anfangs kaum Widerstand zu spüren, als sich vor allem vom letzten Drittel der fünfziger Jahre an Beton in zahlreichen Spielformen dem alltäglichen Sicht- und Tastbereich der Wohnbevölkerung näherte. Der Schwung zunehmenden Wohlstands, sichtliche allgemeine Progressivität und das weitere Fortschreiten der im ‚Dritten Reich‘ letztlich vom ‚totalen Krieg‘ erzwungenen, in der ersten Zeit der Bundesrepublik vergeblich gehemmten, nun aber mit Macht durchbrechenden Einheitskonsumgesellschaft halfen mit beim vorsichtigen Abräumen oder, wie sich später zeigen sollte, Unter-den-Teppich-Kehren von bürgerlichen Materialvorurteilen. Nun, da man im Zeichen der Konsummoderne endgültig egalitär geworden war, konnte man auch die Balkonbrüstung aus unbearbeitetem Sichtbeton hinnehmen. Außerdem hatten die Architekten die Rolle der vor Ehrlichkeit strotzenden ‚Eisbrecher‘ für die Zukunft übernommen. Warum also spießig sein und deren Zukunftssicht nicht akzeptieren? Warum nicht diese schneidigen Sportwagen- und Skifahrer, die der bürgerlichen Krawatte entsagt hatten und sichtlich ganz vorn im Strom schwammen, Aufsteiger fast jeder einzelne, bis auf untypische bürgerliche Ausnahmen, warum nicht diese Leute zu Trendsettern ernennen? Auch die Beton- und Bauindustrie, die schon im ‚Dritten Reich‘ einen enormen Aufschwung genommen hatte, vor allem durch Betonverarbeitung, förderte diese Entwicklung. Sie setzte auf die Betontechnik mit ihren günstigen, keine übermäßigen Investitionskosten erfordernden, logistisch äußerst praktikablen Voraussetzungen. Nicht einmal die Zimmerer hatten unter der Konkurrenz des Stahlbetons zu leiden. Statt ihrer üblichen Arbeit fanden sie nun überreichlich Betätigung als Schalungsspezialisten.

Die gigantische Anstrengung, eine Wohnbevölkerung, die nahezu siebzig Jahre mit Wohnraumunterversorgung gelebt hatte – zuerst in der Zeit der Stadtexplosion, dann nach dem Ersten, in unvorstellbarem Maß nach dem Zweiten Weltkrieg –, mit Wohnraum zu versorgen, mußte zur Massenproduktion, wie sich im Lauf der Zeit deutlich herausstellte, auf dürftiger, rein technisch optimierter Grundlage geradezu verführen. Ein in den zwanziger Jahren sogenanntes ‚Fordistisches‘ Seriendenken war ja gegen Ende der damaligen Bauepoche bis 1930 von Architekten – so zum Beispiel von Walter Gropius in der Mustersiedlung Törten und von Ernst May in den Frankfurter Trabantensiedlungen – geradezu als Ausdruck wirklicher Modernität gefeiert worden.
Als Exponent einer großen Gruppe von Beteiligten war die Neue Heimat, unbestritten der Marktführer der Gemeinnützigen, am Werk, von allen Bundesregierungen gefördert, um das Programm der Massenwohnungsversorgung durchzusetzen. Im Großplattenbau, dessen Anfänge auf das Neue Bauen der zwanziger Jahre zurückgehen und der später in Schweden und Frankreich vor allem im Wohnungsbau massenhaft eingesetzt wurde, kam der Beton

endlich so unter die Leute, daß sie ihn nach einer Toleranzzeit fürchten lernten. Sein ubiquitäres Auftreten, die enorme Geschwindigkeit der Rohbauerrichtung, die Stereotypie gerade im Großsiedlungsbau sind wohl die am deutlichsten, vordergründigsten, am meisten ins Auge fallenden Ursachen der nun immer heftiger werdenden Ablehnung. Was derart in Masse, allgegenwärtig, unverhüllt, dazu gleichmacherisch (oder besser: gegen den Einzelnen) auftritt, wo doch Differenzierung durch Konsum zu den Hauptantrieben in den Industriegesellschaften des Westens gehört, muß sich die Gunst verscherzen. Der Aspekt der Überwältigung durch Alltagsbedingungen verändernde Allgegenwart, um es ganz wertneutral so auszudrücken, ist das entscheidende Kriterium. Wenn jahrein, jahraus nur Kartoffeln auf dem Teller liegen, immer als Pellkartoffeln, dann beginnt man Kartoffeln irgendwann zu hassen, obwohl man doch zugestehen muß, daß sie nahrhaft, bekömmlich und, wären sie vielfältiger zubereitet, auch ein gutes, wohlschmeckendes Lebensmittel sind. Man wird sie selbst in der Erkenntnis ihrer Unersetzlichkeit zu verdrängen suchen; mindestens wird man sie panieren, damit sie wenigstens wie Frikadellen und nicht mehr wie Kartoffeln aussehen. Daß man sich dabei irrational verhält, spielt keine Rolle, da für rationales Verhalten keine zwingende Notwendigkeit besteht.

Wir konstatieren also, die Mehrheit der Bevölkerung leide an einem Zuviel an Beton, was immer sie auch darunter versteht. Die maximale Quantität ist zu einer neuen, negativ bewerteten Qualität geworden.

Doch dies kann als Erklärung nicht ausreichen. Tatsächlich lassen sich andere, beweisbare Gründe für die Aversion in Menge finden. Zu vieles ist nicht oder doch zu wenig beachtet worden.

Fehlverwendungen

Jede in rascher Entwicklung befindliche Technik wirft Fragen auf. Es werden Fehler gemacht, man stößt auf neue Erkenntnisse, die das Vorwissen als bruchstückhaft, ja, oft geradezu als falsch erscheinen lassen. Derartige Entwicklungen erstreckten sich früher über lange Zeiten und fielen nicht spektakulär auf, zumal altbewährte, vorgefundene Baustoffe, wie Naturstein und Holz oder auch das Artefakt Ziegel durch geringe Spezialisierung weniger gefordert waren als die Schlüsselmaterialien des technischen Zeitalters. Im Normalfall wurden die alten Baustoffe nicht extrem eingesetzt. Geschah dies aber doch, unter Vernachlässigung der Berücksichtigung ihrer nicht genau spezifizierten Eigenschaften, nutzte man sie im Grenzbereich, wie etwa den Haustein in der französischen Hochgotik, so kam es nicht selten zu spektakulären Ereignissen. Als signifikantes Beispiel dafür kann der Einsturz der Kathedrale von Beauvais 1284, 37 Jahre nach Baubeginn, gelten. Die Schlankheit der Pfeiler, aber auch die Schub- und Druckkräfte waren bei einer Gewölbescheitelhöhe von 47 Metern bei all der angestrebten Entmaterialisierung, oder, besser gesagt, Spiritualisierung des Baugefüges einfach zu groß geworden. Daraus lernte man empirisch.

Beton, noch zu Beginn dieses Jahrhunderts meist als Massenbeton verwendet, ohne Eiseneinlage geschüttet und insgesamt druckbeansprucht, dazu niemals grenzbeansprucht, wurde im Lauf der Entwicklung vor allem innerhalb der Stahlbetonbauweise mehr und mehr feingliedrig gestaltet, was einige technische Probleme mit sich brachte. Ästhetische, aber auch materialökonomische Betrachtungen führten dazu, Bauglieder immer schlanker zu machen und die Druck- und Zugspannungen ganz auszunutzen. Dies geschah vor allem, nachdem sich die Architektur der Betonverwendung bemächtigt hatte und als man versuchte, den ästhetisch für den Skelettbau maßgeblichen Stahlbau, die große Innovation des 19. Jahrhunderts, zu imitieren. Dies blieb nicht ohne Folgen. Wir werden diesen Prozeß von seiner formalen, ja, ideologischen Seite her im Bericht über Entwicklungen der Betontechnik und im Abriß über Beton und Architektur näher beleuchten.

Zunächst aber zur technischen Seite, soweit diese zum allgemeinen Mißvergnügen beigetragen hat. Dabei zeigt es sich, daß es nicht einmal auf die Sichtbarkeit des Betons ankommt.

Seit der Verwendung homogener Deckenplatten, vor allem solcher, die nach statischen Gesichtspunkten bis zu Stärken von zehn Zentimetern ökonomisch minimiert wurden, traten in allen Bauwerken unvermeidlicherweise Schallprobleme auf. Die Monolithe mit ihrer schlaffen Stahlbewehrung und ihrer geringen Masse leiteten Luft- und Trittschall in nie dagewesener Weise. Jeder Schritt war in diesen hellhörigen Gebäuden scharf und hart zu hören. Dies erregte vor allem in den frühen Bauten des sozialen Wohnungsbaus bedeutenden Ärger. Kompositkonstruktionen aus Holzbalken, Einschub, Schlacken- oder Kiesfüllung mit Fehlboden, Dielung an der Fußbodenoberseite, Lattung und dickem Putz an der Unterseite hatten zwar, wenn am Holz gespart worden war oder bei zu großen Spannweiten und Lasten, oft erhebliche Durchbiegung gezeigt, hellhörig aber waren sie nicht.

Es dauerte eine ganze Weile, vor allem beim Billigbau, bis man den funktionsgetrennten Fußbodenaufbau mit Betonplatte, Schallschutzmatte und schwimmendem, ebenfalls als starre Platte aufgefaßten, von anderen Bauteilen sorgfältig getrennten Estrich im Griff hatte.

Probleme gab es zunehmend auch mit den häufiger verwendeten Installationen. Der bislang unbekannte Begriff der ‚Schallbrücke‘ ist eine direkte Hervorbringung der monolithischen Betonkonstruktionen. Inzwischen sind die Platten dicker geworden, aus Gründen der Formstabilität und Sicherheit. So wurden sie auch körperschallresistenter; die Erfahrung jedoch, Betonbauten seien hellhörig, blieb. Dieses Phänomen wurde unerträglich, als die sogenannte Großtafelbauweise in Schwung kam. Schier unglaubliche Effekte, die ich in den fünfziger Jahren, zum Beispiel in Straßburg, in einer der damals berühmten frühen Camus-Großplattensiedlungen im Quartier Rotterdam hörte und ebenso in den Pariser Stadtrandsiedlungen an der Port Clignancourt, sind mir unvergeßlich. Die monolithischen Hochhäuser wirkten wie irrwitzige Resonanzkästen. Man hatte unter Vernachlässigung physikalischer Faktoren herstellungstechnisch optimiert, also monofunktional simplifiziert. Derartige Gebäude wurden für ihre Bewohner zu wahren Folterinstrumenten.

Ähnliches geschah mit dem Wärmehaushalt der Bauten. Für einen Industriebetrieb mit den im letzten Jahrhundert und bis Mitte dieses Jahrhunderts üblichen, zur Erreichung von ausreichender Tagesbeleuchtung notwendigen großen, einfach verglasten Sprossenfenstern waren die Wärmedurchgangswerte der Betonskelettstützen und Deckenstirnen vergleichsweise vernachlässigbar. Die Fenster bildeten ohnehin die größten Verlust- oder Aufheizungsflächen, da spielten die zehn Prozent Wand und Stütze keine Rolle. Dies wurde schon im Verwaltungsbau anders. Anfänglich, so hinter der von Gropius gezeichneten Fassade des berühmten Alfelder Faguswerks, tolerierte man dies. Bei steigendem Komfortbewußtsein und wachsender Empfindlichkeit gab es Ärger.

Im Wohnbau waren derartige Verhältnisse, die noch von einzelnen Enthusiasten hingenommen wurden, unerträglich. Gerade thermische Probleme, Kondensatbildung, Durchfeuchtung, dazu Dachundichtigkeiten der ebenfalls mit der starren Platte verbundenen Flachdachkonstruktionen hatten dem Neuen Bauen, trotz spektakulärer Fortschritte in der Wohnnutzung, schon zu Beginn der dreißiger Jahre den weitverbreiteten Ruf der Minderwertigkeit eingebracht. Zu forsches, voraussetzungsloses Experimentieren hatte den Vertretern der völkischen Baugesinnung erst richtig aufs Pferd geholfen. Als Betonverwendung im Sinn von Allbetonbauweise, also geschütteten Wänden und Decken oder Montagebauweise mittels Platten zum Durchbruch kam, besann man sich nicht auf die einstigen Fehler. Der Informationsfluß war abgebrochen. So machte man sich wieder überoptimistisch und wenig überlegt daran, alle Fehler noch einmal zu wiederholen. Einer der prominentesten Münchner Ziegelarchitekten, Professor für Entwurf in den sechziger Jahren, erzählte immer, wie er einem Bücherliebhaber ein völlig ungedämmtes Haus in Stahlbeton errichtet habe – sein erster Bau –, was zum Untergang einer bibliophilen Sammlung durch Feuchtigkeit führte. Er hatte für sich daraus die Konsquenz gezogen, Beton sei untauglich. Bauphysik war eben noch nie die Stärke von Architekten.

Das erste brauchbare Bauphysikbuch, das ich in die Hände bekam, mußte ich mir über eine Buchhandlung mit Ostkontakten aus der damals sogenannten DDR besorgen lassen. Nie zuvor während meines Studiums hatte ich etwas von dem gehört, was im Eichler* stand, sorgfältig ausgebreitet und formal natürlich nicht immer besonders gefällig. Da war vom Taupunkt innerhalb der Konstruktion die Rede, von Dampfdiffusion, von notwendigen Bewegungsfugen, ohne die die modischen Monolithe reißen würden, von Wärmespannungen, vom Kriechen des Betons, vom Schwinden durch Aus-

---

* Friedrich Eichler, Praktische Wärmelehre im Hochbau, VEB-Verlag, Berlin 1954; Wärme- und Wasserdampf im Hochbau, VEB-Verlag, Berlin 1953

trocknen des für die Hydratation nicht benötigten Wassers, vom Schüsseln, also von Formveränderungen der für starr und unbeugsam gehaltenen Materie und von vielem mehr.

Die vom Stahlbau herrührende Ästhetik überschlanker Sichtbetonteile, membrandünner Tragwände, die aber – ein anderes großartiges Thema der Betontechnik – keine Schalen waren, sondern monolithische Nachfahren der Mauern, lieferte weitere technische Pannen. Die im Industriebau, wie schon beschrieben, bestehende Möglichkeit, Sichtbeton offen und unbehandelt am Gebäudeäußeren zu zeigen, zwang dazu, notwendige thermische Maßnahmen auf der beheizten Warmseite, innen also, zu treffen. Dies führte zu mangelhafter Wärmespeicherung im Winter und zum sogenannten ‚Barackenklima', andererseits zu erheblicher Aufheizung des Sichtbetons im Sommer, insgesamt aber zu einer großen Differenz der Temperaturmaxima und -minima und so zur erheblichen Belastung der Konstruktionen in jeder Hinsicht. Damit waren im schlaff bewehrten Beton, der an sich schon als ‚gerissener Baustoff' gilt und von ‚Natur' aus mikroskopische Haarrisse aufweist, Rißschäden vor allem dann vorprogrammiert, wenn die Bewegungen nicht vorhergesehen wurden und Längenänderungen nicht durch Dehnungs- oder Setzungsfugen in erträglichen Größenordnungen blieben.

Doch damit nicht genug. Die Schallbrücke fand schon Erwähnung. Hinzu kam die Kältebrücke, also der Bereich erhöhter Temperaturleitfähigkeit. Beton als Stoff von hoher Dichte, schlank dimensioniert, ist ein beinahe ebenso guter Wärmeleiter wie Stahl oder Glas. Kältebrücken bewirkten Temperaturgefälle in Bauteilen, die sich vor allem in Bereichen mit geringer Luftzirkulation rasch abzeichneten. Die in der Nachkriegszeit in steigendem Maß auftretende Vollbeheizung von Wohnungen, dazu das nicht auszurottende Vorurteil, daß Lüften in der kalten Jahreszeit pure Energieverschwendung sei, führte in allen besonders belasteten Bereichen zur Schwärzepilzbildung, ja, bis zu abperlendem Kondenswasser. Das galt im übrigen nicht nur für den monolithischen Stahlbetonbau, sondern auch für die Sparbauten mit ungenügenden Wandkonstruktionen aus Hohlblockmauerwerk und Ziegeln, und hier vor allem in Bereichen, wo kaum gedämmte Stürze oder Deckenkanten den Taupunkt weit nach innen verschoben.

Überschlanke Konstruktionen, die nur noch ästhetisch, nicht einmal mehr ökonomisch motiviert waren, hatten aber auf Dauer gesehen noch weitere Nachteile. Man mutete dem hervorragend belastbaren, vielseitigen Baustoff Stahlbeton einfach zu viel zu, und vor allem den Verarbeitern, die derartig schlanke Stützen und Scheiben in Ortbeton zu fertigen hatten. Es muß hier bewußt von ‚fertigen' und nicht von ‚bauen' gesprochen werden. Es war beinahe ein Ding der Unmöglichkeit, in Schalungskästen von 15 x 30 Zentimetern Lichte acht Stähle mit Durchmesser 20 Millimeter mit Korb und noch allerhand Ankern dazu unterzubringen, gleichzeitig einen Betonsturz einzubinden oder gar den Stahl von vier sich treffenden Unterzügen im Säulenkopf einzuflechten. Wie in dieses Gewirr unter Wahrung der allseitig geforderten 20 Millimeter Betonüberdeckung überhaupt noch Beton einzubringen sein würde, hatten sich die Entwerfer nie überlegt. Das war keine Bautechnik mehr, sondern einerseits Gottvertrauen in sträflicher Weise und andererseits im besten Fall Uhrmacherarbeit, in den meisten Fällen reiner Pfusch.

Eigentlich konnte Derartiges schon allein technisch nicht geleistet werden, selbst wenn man damals noch meinte, Beton garantiere die Rostsicherheit der Stähle auf Dauer. Ebenso gewagt war die beinahe ideologische Übernahme des Sichtbetons aus dem Industriebau für feingliedrige und mehr und mehr gepflegte Oberflächen im Sinn der Materialehrlichkeit. Das Gußverfahren bewirkte, vor allem bei größeren Schütthöhen, nicht selten Entmischung und damit eine inhomogene Oberfläche. Weitere Fehler lagen in der Undichtigkeit von Schalungen; die eigentliche Fehlerphase aber kam erst nach dem Ausschalen.

War eine Konstruktion, was im Lauf der Jahre mittels verbesserter Schalungen, sorgfältiger Betonmischungen mit hohen Zementanteilen, unentmischter Einbringung, genau dosierten Rüttelns, Plastifizierungszusätzen usw. immer besser gelang, in Oberfläche und Gefüge tadellos aus der Schalung gekommen – Stolz und Triumph des Betonbauers – dann ging die Sorge erst los. Eine einzige Nachlässigkeit, ein warmer Samstag und Sonntag ohne dauernde Benetzung der Flächen führte zu mangelnder Hydratation der obersten Zementleimhaut.

Eine solche Unterlassung war irreversibel. Sichtbeton mit unterbrochener Hydratation konnte eigentlich nicht mehr als solcher aufgefaßt werden. Wer seine Bauphysik und -chemie nach dem (mangels universitärer Erläuterung unerläßlichen) Selbststudium verstanden hatte, sorgte für Feuchtigkeit und lasierte oder beschichtete den Sichtbeton schon damals. Die Anhänger der reinen Lehre taten das nicht, im festen Glauben, Beton sei das Rüdeste und Robusteste, das man überhaupt an einem Bau verwenden könne. Dies rächte sich sichtbar und zur Freude für alle, die im Grunde ihres Herzens Sichtbeton ohnehin für rohbauartige Nichtfertigstellung gehalten hatten, getreu bürgerlicher Vorstellungen, alles, was nicht poliert oder veredelt sei, tauge nichts, schon nach kurzer Zeit.

Gerade auf derartige Signale hatte die Mehrzahl derer, die sich nur mit Mühe an all das industriell gefertigt Halbfertige gewöhnt hatten, gewartet. Ständig steigende Luftverschmutzung, Ruß und Staub führten, da Betonbauten meist plastisch gestaltet wurden und somit erhebliche horizontale Ablagerungsflächen für den Schmutz boten, zusammen mit dem oft zerstörten Zementleimfilm, der nicht vorgenommenen Versiegelung und schwefelsauren Niederschlägen zu rascher Verschmutzung. Sichtbetonoberflächen, von Haus aus porig, waren auch noch oft aufgerauht, und dies unterschiedlich, was den Betonbauten nach jedem besseren Landregen ein geradezu ruinöses Aussehen verlieh, wenn sich unter Attiken und Fensterbänken, an Stürzen und Stützen schwärzliche Schlieren zeigten. All dies geschah vor den Augen einer Gesellschaft, deren Bürger ihre freie Zeit dazu verwandten, ihre Autos zu polieren und den Rasen ihrer Vorgärten zu pflegen.

Doch es kam noch schlimmer. War die Verschmutzung nur ärgerlich, so erschienen weitere Schäden beinahe gefährlich, als sich erhebliche Netzrisse zeigten, Rostfahnen auftraten oder rostende Bewehrung sogar ganze Konstruktionsteile absprengte. Nun kam es heraus, daß die Überdeckungen vielfach zu gering waren und die für sicher gehaltene hohe Alkalität des Zementleims die Stahleinlagen nicht dauerhaft vor Korrosion zu schützen in der Lage war. Begannen aber die Stähle – meistens waren es Verbügelungen oder zu weit beim Rütteln nach außen gerutschte Matten – erst einmal zu rosten, dann gab es kein Halten, weil das, was wir landläufig Rost nennen, Eisenoxide und Oxidhydrate, den zweieinhalbfachen Raum des nicht oxidierten Stahls benötigen. Absprengungen oder Lochfraß bedeuten selbst, wenn sie statisch unbedenklich sind, eindeutig Verfall. Korrosion und Erosion signalisieren so die Doppelbödigkeit der für sicher gehaltenen modernen Technik.

Die Fälle mehren sich. Das Vertrauen in die Unzerstörbarkeit des Betons ist dahin. Die in der Luft enthaltene, aus Abgasen stammende Überfrachtung an Kohlendioxid reagiert – man entschuldige den Ausflug in die Chemie – mit dem Calciumhydroxid, welches bei der Hydratation nebenbei entsteht, und wird zu Calciumkarbonat. Bei diesem Prozeß – die Alkalitätsreserven, welche für die Rostsicherung im Beton lebenswichtig sind, werden von außen her aufgezehrt – treten Rostschäden selbst dann ein, wenn die bisher für regelgerecht gehaltene Überdeckung von zwei Zentimetern sorgfältig eingehalten worden ist. Der CO_2-Angriff schadet also insgesamt und in unvorhergesehen kurzer Zeit den Betonbauwerken mehr als irgendwelche Atmosphärilien.

Seit zahlreichen, nicht einmal entscheidenden Bränden der letzten Jahre weiß man, daß die chlorierten Kohlenwasserstoffe verschwelender PVC-Böden Stahleinlagen in Betonbauten, die sonst als brandsicher galten, so zerfressen, daß die Konstruktionen auf Dauer nicht mehr sicher sind. So ist auch der Ruf des Betons, der erste wirklich brandsichere Baustoff zu sein, einigermaßen angeschlagen.

Von allen technischen Schwächen hat wohl zunächst die Hellhörigkeit, dann der scheinbare oder tatsächliche Verfall dem Beton am meisten geschadet. Aber auch im Bereich der sichtbaren Umwelt, ist parallel zur Verfeinerung und ökonomischen Minimierung, zur Raffinesse der Konstruktionen das genaue Gegenteil – Vergröberung, Massenhaftigkeit und serielle Stupidität – zum Aggressionen fördernden Ärgernis geworden. Aufs erste möchte man meinen, dies sei ein Widerspruch in sich, es handelt sich indes einzig um unterschiedliche technisch-ökonomische Prozesse. Während man beim monolithisch, kraftschlüssig verbauten Ortbeton eine Minimierung der einzelnen Bauglieder zu erreichen suchte und leider darin auch aus ästhetischen Gründen über das Zulässige hinausging, wurden Fertigteile, also in speziellen Fabriken in Serie produzierte, nach Systemen einsetzbare, gegossene Bauteile aus Stahlbeton mit schlaffer, aber auch vorgespannter Bewehrung eher klotziger. Der Grund hierfür liegt nicht nur in der Fertigungstechnik, sondern auch in den Bemühungen, Transportunempfindlichkeit zu erreichen.

Als das Bauen mit vorgefertigten Teilen begann, merkte man rasch, daß die Logistik entscheidend sein würde. Innerhalb dieses Rahmens war es lukrativer, große, robuste, schwere Komponenten zu produzieren als kleine, feingliedrige Moduln. So kamen speziell im Bereich des Wohnbaus rasch jene tonnenschweren, lächerlichen Betonbrüstungen, jene Blumentröge, Balken und Pseudodurchdringungen als Fassadenschmuck auf, die der dahinterliegenden Ödnis des produktionsabhängig primitiv Seriellen einen gewissen ‚aufregenden Schliff‘ geben sollten.

Ich erinnere mich an einen keineswegs unbekannten Kollegen, der mir um 1970 schwärmerisch erzählte, wie ein Autokran riesige, vorfabrizierte Betonbalkongeländer-Blumentröge, wahre Wunderwerke an Länge, Klotzigkeit, Gewicht und Einfallslosigkeit, über einen kleinen Nachbarbau hinweg auf die südwärts gelegenen Auskragungen seines Scheibenwohnhochhauses gestemmt hatte. Da dienten dann, ohne daß sich zunächst jemand gewundert hätte, viele Tonnen schwere ‚Betonkanus‘, in denen ein ganzer Südseeclan Platz finden würde, als Absturzsicherung für die sechs- bis achtmal fünfundsiebzig Kilogramm menschlichen Durchschnittsgewichts und strahlten grobe Selbstgefälligkeit ab.

So wurde ein an sich hochleistungsfähiger Baustoff – hier sei an Mies van der Rohe erinnert – zur charakterlosen Knete für rasche, belanglose Einfälle. Die vier Striche auf einer effektvollen Fassadenzeichnung, dort angeordnet, damit man darunter einen schweren, dunklen, die Langeweile belebenden Schatten zeichnen könnte, wurden nun in der Realität sechs, acht, zehn Tonnen, so viel wie Transportfahrzeug und Kran erlaubten, und wenn es zu viel war, dann wurde schlicht Fuge befohlen und in zwei Teilen geliefert.

Die Fertigteilverwendung führte auch zu erhöhten Fugenproblemen. Zu den üblichen, notwendigen Dehnfugen im Ortbeton kamen nun die Montagefugen. Natürlich hatte die organische Chemie sofort pastose Mischungen bereit, mittels derer solche konstruktionsbedingten Undichtigkeiten angeblich risikolos abzudichten wären. Theoretisch und während einer gewissen Gewährleistungszeit mochte dies unbestritten sein. In der bei Architekten verbreiteten Leichtgläubigkeit und froh, endlich eine Aushilfe zur Hand zu haben, mit der Unmögliches doch noch erreichbar schien, schwanden nun die letzten konstruktiven Hemmungen. So waren Rückschläge vorprogrammiert, und sie fielen auch entsprechend deprimierend aus.

Erstens war die Verarbeitung an so große Sorgfalt gebunden, dazu feuchtigkeits- und temperaturabhängig, daß sie zur artistischen Leistung wurde. Dann waren die angebotenen Stoffe von unterschiedlicher, unüberprüfbarer Qualität, und endlich hatte die Erfindung der Elastoplaste die Physik ebensowenig aufgehoben wie chemische oder photochemische Bedingungen. Auch dies bekamen die von fortschrittlicher Betonarchitektur Umhüllten hautnah zu spüren. So war die komplexe Schachtelung des Münchner Olympischen Dorfes – ein Eldorado des ‚Thiokolismus‘, dazu eine Protuberanz des Montagebetons eindrucksvollster Tonnage – jahrelang trotz tonnenweisen Einsatzes aller möglichen Abdichtungsmittel nicht dicht zu bekommen und kam damit in bösen Ruf, was dazu führte, daß das ‚Wohngebirge‘ erst unter dem Druck steigenden Wohnungsmangels angenommen wurde. Derartig spektakuläre Pleiten durch fehlerhafte Konstruktion, mangelhafte Ausführung und vollständige Verkennung dessen, was bauphysikalisch möglich ist, gab es Ende der sechziger Jahre und bis zum Schluß des Baubooms allenthalben in der Bundesrepublik. Die Bevölkerung sah, erlebte und las alles. Sie lastete, was angesichts der komplexen Undurchschaubarkeit modernen Baugeschehens nur allzu verständlich ist, die Gesamtpanne dem optisch am stärksten hervortretenden Material, dem Beton an.

Man mag sich darüber mokieren. Dafür gibt es aber keinen Grund. Wird etwas undurchsichtig, so sucht sich der Beurteilende irgendetwas oder irgendwen als Exponenten. Schuldzuweisungen sind immer modellhafte Simplifikationen; dies gilt sogar bis in die Bereiche des Zivil- und Strafrechts. Die physiologischen Defizite – Schall, Wärme, Feuchtigkeit – wurden schon angesprochen. Indes bleibt in diesem Zusammenhang noch der haptische Schock zu erwähnen, den viele Betonbauweisen, vor allem die Allbeton- und Tafelbauten, mit planen und nur noch farbbeschichteten Raumwänden hervorriefen.

Vormals waren Wände für Bewohner einfach manipulierbar. Wollte man ein Bild aufhängen, so brauchte man einen Nagel und einen Hammer. In den Betonwohnbauten waren zur gleichen Operation eine respektable Schlagbohrmaschine samt Vidiabohrer, Dübel, Schraube und Schraubendreher (vormals Schraubenzieher) erforderlich. Das industrielle Produkt der Wohnbauwirtschaft konnte nur noch mit Unterstützung von Industriewerkzeugen behandelt werden. Statt eines saugfähigen Putzes fand sich nun Spachtelmasse auf Decke und Wand, mit ‚Apfelsinenhaut‘, oder gar nur ein Dispersionsanstrich; in stärker belasteten Bereichen der rohe Beton oder eine Kunstharzspritzbeschichtung. Die Härte strahlte ab; alles wirkte eilig und billig. So fühlten sich die Bewohner betrogen. Auf dem gewohnten Brot fehlte sichtlich die Butter. Die ökonomische Verarmung des Wohnungsbaus mittels betonabhängiger Fertigungstechniken verärgert weltweit. Alle sogenannten sozialistischen Staaten, aber nicht nur diese, leiden unter dem Pfusch grobschlächtiger Großplattenbauweise. Diese normengerechten Achtlosigkeiten, repetitiv in Massen gefertigt, mit miserablen bauphysikalischen Eigenschaften, schlecht in technischen und gestalthaften Details, sind in ihrer Summe unästhetisch. Dies hat die sensibel reagierende Massenseele überall als inhumane Zumutung bewertet, als ökonomisch motivierte Einfallslosigkeit, die wirklicher, rationaler Bewältigung menschlicher Wohnbedürfnisse Hohn spricht. Ohne Not wäre Derartiges nirgends abgenommen worden, und siehe da, kaum ist die Situation auf dem Wohnungsmarkt in der Bundesrepublik einigermaßen entspannt, da finden sich Leerstände genau in den Bereichen des klobig-massenhaften, nur ökonomischen Betonwohnungsbaus oder in Anlagen, die dessen optische Erscheinungsformen reproduzieren.

Psychische Irritationen

Nach dieser Auffächerung recht handgreiflicher Gründe für Mißtrauen und Ablehnung – Derartiges wirkt immer prosaisch, darf aber nicht beiseitebleiben – stellt sich nun die Aufgabe, kulturkritisch – nach altem deutschen Verständnis müßte man überheblich eher von ‚Zivilisationskritik' sprechen – das Entstehen der feindseligen Ablehnung auszuleuchten. Dies ist komplexer, schwieriger, aber auch im Sinn der Aufgabestellung wesentlich ertragreicher.

Eher positivistisch wurde festgestellt, das Zuviel an Beton hätte für einen Meinungsumschwung gegen diesen Jahrhundertbaustoff den Ausschlag gegeben. Es gibt aber eine ganze Reihe von Phänomenen, die das gleiche oder ein höheres Zuviel aufweisen; so ist die Population etwa der Bundesrepublik, gemessen an vorindustriellen Zeiten, zu hoch, ohne daß dies als übermäßig erregend empfunden würde. Es hat, um die zu erhärtende These vorweg an den Anfang zu stellen, eher den Anschein, daß sich ein Zuviel an sichtlich irreversiblen Abläufen oder, sagen wir es einschränkend, an für irreversibel gehaltenen, gefühlten Entwicklungen genau in jenem Material versinnbildlicht, dessen ehemals beliebte Festigkeit sich nun als verhaßter Sachzwang darstellt. Die Entwicklung bis hin zu solcher zur Verzweiflung treibenden ‚Betonierung' der Zustände ist ein Teil der spezifisch europäischen Geistesgeschichte, deren Auswirkungen die Welt, die in weiten Bereichen andere Traditionen hatte, zunehmend im 19. und und 20. Jahrhundert in ihren – man entschuldige die moralische Bewertung – bösen Bann zwang.
Die Griechen hatten in Erkenntnis dessen, was voranschreitende Rationalität anrichten könnte, Zeus, ein mit recht menschlichen Eigenschaften ausgestattetes überirdisches Gottwesen, vorsorglich dazu veranlaßt, Prometheus, den Europäer par excellence, an den Felsen zu schmieden, wohl wissend, daß die Geschichte, wäre Prometheus nicht aus dem Spiel, kaum gut ausgehen könnte. Doch solche Fesselung hat sich als ebensowenig hemmend erwiesen wie das Abschwören des Galilei. Wenn erst einmal kausal gedacht wird und Erkenntnisketten mit Handlungsfolgen entstehen, sind die mythischen Zeit-

alter in Not und bald vorbei. Nach einer mythischen Pause, in der geschichtslose Barbaren die Antike unter deren eigenen Trümmern begraben hatten, stieß Wilhelm von Occam das Tor in die Neuzeit auf. Geboren vor 1300 in Ockham (Surrey) und gestorben um 1350 in München, tief in die Auseinandersetzung zwischen Papst und Ludwig dem Bayern verwickelt, brachte er das geschlossene mittelalterliche, scholastische Weltbild mit seinen geglaubten Universalien, von denen die Realität ohne die eigentliche Sicht auf das Sein abgeleitet wurde, zuerst und dramatisch ins Wanken.

Erkenntnis war für ihn nur möglich durch äußere und innere Erfahrung. Damals wurden die ersten Skizzen jenes naturwissenschaftlichen Weltbildes gefertigt, welches sich heute in steigender Ausdifferenzierung wie ein beschleunigt kreisendes Kaleidoskop vor unseren Augen dreht. Doch diese Aussage könnte zu negativ ausgelegt werden. Die Bedingungen unserer derzeitigen Existenz wurden damals begründet. Der Weg des Nominalismus über die humanistische Wiederbelebung der Antike bis zur Aufklärung, dem Sieg des scheinbar dogmenfreien, vorurteilslosen Denkens, soll hier nicht nachgezeichnet werden. Es genügt festzustellen, daß das kausale, rationale Denken, auch eine Befangenheit, jener der Logik folgen zu müssen, uns in aufeinanderfolgenden Schüben in unsere heutige Situation gebracht hat. Darin sind auch die Wirkungen verschiedener, vom rationalen Denken her gesehen, atavistischer Reaktionen grundsätzlich einzubeziehen.

Eines der wichtigsten Ergebnisse dieser Entwicklung war relativ früh die Ermöglichung von Reproduzierbarkeit durch ständige, gleichmäßige Wiederholung. Die neue Wissenschaftlichkeit in der Renaissance, erstmals laizistisch, hatte ihr rationales, technisches Vehikel gefunden, als Johannes Genzfleisch, genannt Gutenberg (1397 – 1468), mit seinen 294 beweglichen, aus einer Bleilegierung gegossenen Lettern die Bibel druckte.

Die Zeit war reif geworden für diese Erfindung. Erfindungen, oft gedanklich lange vorher konzipiert, brauchen die Reife der Zeiten, um ausgetragen werden zu können. Treffen sie den kairós nicht, so bleiben sie Hirngespinste, Antizipationen ohne Folgen. So steht gleich am Anfang das folgenschwere Auftreten der Reproduktion, der endlosen Wiederholbarkeit und damit die Ermöglichung des Massenhaften.

Nun begann das zu tragen, was Karl Jaspers in *Vom Ursprung und Ziel der Geschichte* mit „Erfindung und wiederholende Arbeit" bezeichnet hat und Egon Friedell in seiner *Kulturgeschichte der Neuzeit* bemerkt: *„Bisher war alles fest, gegeben, statisch, konventionell, jetzt wird alles flüssig, variabel, dynamisch,* *individuell. Die verschiebbare Letter ist das Symbol des Humanismus. Eine Kehrseite ist: Es wird auch alles mechanisch, dirigierbar, gleichwertig, uniform. Jede Letter ist ein gleichberechtigter Baustein im Organismus des Buches und zugleich etwas Unpersönliches, Dienendes, technisches Atom unter Atomen.*"

Die mittelbare Folge der neuen Rationalität waren staatliche Großorganisationen und die Frühphase kapitalistischer Geldwirtschaft. Von dieser Entwicklung ausgehend, konnte man von Technik im heutigen Sinn sprechen, deren Wesen darin besteht, daß Menschen rationale Verfahren entwickeln, um mittels Werkzeugen und Organisation Artefakte und Dienstleistungen fast beliebig nach Wiederholbarkeit und Menge herzustellen.

Mit dem Bleisatz und der Druckerpresse war die Reproduktion in ihrer reinsten Form als Vermittlung des zu lesenden Wortes am Start. Was nun beginnen konnte, war unser europäisches Abenteuer der Moderne, die bis heute, trotz aller Abdankungen, gültige Bewegung der Aufklärung.

Noch waren lange Zeit die alten Energiequellen Muskelkraft, Feuer, Wasser und Wind allein auf dem Plan. Gegen Ende des 18. Jahrhunderts machte die Ratio einen ihrer technischen Sprünge, wiederum als die Zeit dafür reif war. Sie begann sich zu emanzipieren. Die Ausbeutung der Ressourcen setzte ein. Europa organisierte sich für den Marsch in eine bessere Weltzeit. Wissenschaft, ratio, begann mit wachsender Geschwindigkeit religio zu ersetzen. Papin hatte 1690 in den *acta eruditorum* unter der bezeichnenden, vielsagenden Überschrift „Neues Verfahren, bedeutende bewegende Kräfte zu billigen Preisen zu erhalten" – das Generalprogramm bis heute – seine Experimente mit dem Dampftopf veröffentlicht. Newcomen baute 1712 auf diese Veröffentlichung hin eine Maschine zum Heben von Grubenwasser. 1769 kommt die Spinnmaschine von Arkwright, und im gleichen Jahr erhält James Watt sein Patent für die Dampfmaschine. 1786 baute Cartwright den ersten mechanischen Webstuhl. Zwei Jahre davor hatte er schon die Stahlgewinnung aus Roheisen durch das Puddelverfahren entdeckt. Joseph Marie Jacquard (1752–1834) erfand dann 1808 in Lyon nach vorausgehenden Versuchen die erste lochkartengesteuerte Maschine, den Jacquardstuhl, ein Triumph mechanischer Repetition. Mit all diesen Erfindungen und Verfahren gelangen wir an den Anfang der großtechnischen Anwendungen. England wurde mit seiner Bergwerks- und Eisenindustrie, vor allem mit der Gußeisentechnik, Schrittmacher dieser Entwicklung.

Verdichtung

Die Entsprechung zur von Egon Friedell notierten Individualisierung, ja, Atomisierung der Universalienwelt, war, begründet durch die neuen technischen Organisationsformen, die Masse. Sicherlich hatte es schon in den durch Sklavenwirtschaft am Leben erhaltenen Metropolen der hellenistisch–römischen Antike Massen gegeben. Deren eigentliche Entstehung, ihre Gleichrichtung geht indes auf die Organisation der Arbeit zurück. Diese ermöglichte sie erst, kraft höherer Produktivität. So begann sich etwas abzuzeichnen, das direkt mit der von uns verfolgten Linie der ‚Betonpsychologie' zu tun hat. Wir haben den Beginn der Reproduktion und der iterativen Prozesse geortet und können nun den weiteren Verlauf der von Hoffnungen und Verzweiflung gesäumten Geschichte der modernen, technisch rationalen, zunächst noch eurozentrischen Welt nachverfolgen.

Betrachtet man, von heute aus gesehen, die emphatische Weltsicht der französischen Enzyklopädisten, vor allem die Gefühle der Grenzenlosigkeit, die wesentlich zum liberal-bürgerlichen 19. Jahrhundert gehören, dann könnte man über so viel Naivität beinahe erschrecken.

Der ungebrochene Modernitätswille, der die Unternehmungen in grandioser Bedenkenlosigkeit voranbrachte, machte sich zu dieser Zeit missionierend, kolonisierend und ausbeuterisch die Welt zu eigen. Parallel zur äußeren technischen Entwicklung ist für uns bedeutend, daß nach dem Zerfall der alten, aus fernen Vorstellungen herübergebrachten Hierarchien ein zuvor niemals bekanntes, instrumentelles Verständnis des Menschen sich Bahn brach.

Wollte man sich früher des Menschen instrumentell bedienen, etwa im lateinamerikanisch-kolonialen Bereich, so war immerhin die Deklaration nötig, Menschen seien Tiere oder Sachen. Im 19. Jahrhundert machte die für die Reproduktion notwendige Arbeitsorganisation eine derartige Verschleierung überflüssig. Die materielle Lage – Verfügung über Arbeitsmittel oder nicht – wurde entscheidend, was wiederum zur gedanklichen Übernahme egalitärer, aufklärerischer Vorstellungen durch die verschiedenen sozialistischen Bewegungen führte. Durch die mühselige, unter Kämpfen bewirkte Organisierung des Angebots von Arbeit kam gegen Ende des 19. Jahrhunderts, vor Kriegsbeginn 1914, schließlich auch die Masse der arbeitenden Bevölkerung in den ‚Genuß' der technischen Unendlichkeit.

Die Darlegung wäre nicht vollständig, erwähnte man nicht die periodisch auftretenden antirationalistischen Reaktionen. Anfang des 19. Jahrhunderts bewirkte die Bewegung der europäischen Romantik ein Zurückgreifen, ein dramatischer Versuch, der Organisiertheit und Durchrationalisierung des Lebens zu entkommen. Philanthropismus, Frühsozialismus nach 1830, vor allem aber um 1848, versuchten sich in der Herstellung fraternitärer, konvivialer Lebensumstände bis zu Louis Blancs Nationalwerkstätten des Jahres 1848 und den Fourierschen Phalanstères.

Das verheerende Anwachsen der Städte, vorweggenommen in England und Paris, in Deutschland in den achtziger Jahren beginnend, brachte Stadtfeindlichkeit und Ideen des ländlichen Lebens in der Gemeinschaft der Gartenstadtbewegung hervor. Doch die Entwicklung war nicht aufzuhalten und strebte ihrem ersten destruktiven Höhepunkt zu. Als Europa im Ersten Weltkrieg in einem Akt sinnloser Selbstverstümmelung seine technische Leistungskraft zeigte, dabei aber seine wirtschaftliche Vorrangstellung einbüßte und das bürgerlich-liberale 19. Jahrhundert samt obsoletem, zuvor aber prächtig und unerschütterlich wirkendem spätfeudalistischen Gepränge dreier Kaiserreiche zum Einsturz kam, wirkten sich die ungeheuren Opfer an Blut und Sachwerten zwar psychologisch, politisch als tiefgreifende Verwundung und Veränderung aus, technisch führte der Vorgang aber nur zu nie dagewesener Beschleunigung.

In der Rückschau sieht man, daß jeder der wirklich modernen Kriege, ob es sich um den amerikanischen Bürgerkrieg 1861–1865, den russisch-japanischen Krieg von 1904/1905, den Ersten, vor allem aber Zweiten Weltkrieg mit seinen nie dagewesenen, ins Exponentielle gesteigerten technisch-organisatorischen Anstrengungen handelte, für die technische Entwicklung nur akzelerierend, die Modernisierung noch mehr beschleunigend gewirkt hatte.

Sollte der Krieg also doch der Vater aller Dinge sein? Der Spruch klingt zu positiv. Vielleicht könnte man den Krieg eher als den Zuhälter der Technik kennzeichnen. Immerhin erzeugt er vordergründig zweckhaft, rational, wenn auch tiefer gesehen sinnlos, Leistung und Fortschritt, die ohne diesen Antrieb und vor allem zwangshafte Organisation in gleicher Weise und Dichte kaum zustande käme.

Was bedeutet nun die gesamte Darstellung für den Menschen und sein Unwohlbefinden, ja seine heutzutage offen aufbrechenden Phobien? Wichtig erscheint es, eine Kette von technisch-immanenter Zwanghaftigkeit bloßzulegen, nachzuweisen und darzulegen, daß das Gefühl, determiniert zu sein oder prädestiniert (wozu noch die Idee gehört, irgendwer oder irgendetwas habe alles vorausbestimmt), durchaus nicht unsinnig sei.

Eingebunden in kausale oder für kausal, ja, unaufhaltsam erachtete Abläufe, die sich letztlich kaum stören lassen, entsteht für den heutigen Menschen Ohnmacht. Der Herr der Technik ist unfrei in vielerlei Beziehung. Herrschaft war immer angeblich funktionale Freisetzung, und, wenn man so will, in gewisser Weise folgenreiche Arbeitsteilung. Herrschende waren stets auf ihre Sklaven angewiesen. Nun hat sich unser Herrschaftssubjekt qualitativ unvorstellbar verändert, verändert sich täglich, reproduziert sich selbst materiell bis zur Nukleartechnik und, darüber hinaus, nun auch uns in der Gentechnik. Wer angesichts solcher Entwicklungen noch immer kein Gefühl der Ohnmacht verspürt, ist entweder dumm und uninformiert oder ist ein Zyniker von hohen Graden.

Peter Sloterdijk schreibt dazu:
„Wir sind tatsächlich eingetaucht ins Zwielicht einer eigentümlichen existentiellen Desorientierung. Das Lebensgefühl der heutigen Intelligenz ist das von Leuten, die die Moral der Unmoral nicht fassen können, weil dann alles ‚gar zu einfach‘ würde. Darum weiß auch, von innen her, kein Mensch, wie alles weitergehen soll.

Es entspringt im zynischen Zwielicht einer ungläubigen Aufklärung ein eigentümliches Gefühl von Zeitlosigkeit, das hektisch ist und ratlos, unternehmerisch und entmutigt, in lauter Zwischendrin gefangen, der Geschichte entfremdet, der Zukunftsfreude entwöhnt. Das Morgen nimmt den Doppelcharakter von Belanglosigkeit und wahrscheinlicher Katastrophe an, dazwischen spielt eine kleine Hoffnung auf Durchkommen. Die Vergangenheit wird entweder zu einem akademischen Hätschelkind oder zusammen mit Kultur und Geschichte privatisiert und im Trödelmarkt zu kuriosen Miniaturen von dem, was es alles einmal gegeben hat, zusammengezogen. Am interessantesten sind noch Lebensläufe von früher und die verschollenen Könige – von diesen besonders die Pharaonen, mit deren ewigem Leben als komfortable Tote wir uns identifizieren können. Gegen das Prinzip Hoffnung steht das Prinzip des Lebens hier und jetzt auf. Auf dem Weg zur Arbeit trällert man ‚Warte nicht auf beßre Zeiten‘ oder ‚Es gibt

*Tage, da wollt ich, ich wär mein Hund'. In den kooperativen Kneipen, am Abend,
streift der Blick Poster, auf denen steht:* Die Zukunft wird wegen mangelnder
Beteiligung abgesagt. *Daneben heißt es:* Wir sind die Leute, vor denen uns
unsere Eltern immer gewarnt haben. *Das späte und zynische Zeitgefühl ist das
des Trips und des grauen Alltags, eingespannt zwischen verdrossenem Realismus
und ungläubigen Tagträumen, präsent und abwesend,* cool *oder versponnen,*
down to earth *oder* far out, *ganz nach Belieben. Manche haben Ehrgeiz, und
andere hängen durch. Erst recht wartet man auf etwas, das dem Gefühl besserer
Tage entspräche, daß etwas geschehen müßte. Und nicht wenige möchten hinzu-
setzen: egal was. Man fühlt katastrophal und katastrophil, man fühlt zartbitter
und privat, wenn es noch gelingt, den Nahbereich vom Schlimmsten freizu-
halten."*
(Kritik der zynischen Vernunft, Frankfurt 1983)

Das ist eine recht genaue Beschreibung unserer Situation zwischen wirklicher
Angst, Pfeifen im Walde und borniert modischer Attitüde. Die Umstände
werden direkt jenseits des Privaten undurchsichtig, neblig. Nicht daß alles
grau wäre, aber die oft grelle Farbigkeit ist auch nur Selbstzweck ohne Orien-
tierungswert. Die Finalität, angelegt in der menschlichen Existenz, einst
durch Transzendierung mindestens bekenntnishaft für den Gläubigen aufgehoben, ist jetzt durchgängig spürbar, wird nur verdrängt, dräut aber als die
eigentliche Katastrophe.
Ausgerüstet bis an die Zähne, steht das Individuum vor dieser letztlichen
Chancenlosigkeit. Dies bringt Verzweiflung oder Aggression. Unser gesam-
ter Umgriff ist einbezogen in die anscheinend irreversiblen Abläufe, und wir
beginnen alles erst zu verdrängen und dann zu hassen, was sich nicht korrigieren läßt. Im politischen Leben haben wir zwar vordergründig die Staats-
form der Korrektur*möglichkeit,* müssen aber längst einsehen, daß deren
funktionales Wesen, im Ritual erstarrt, unterlaufen wird von plural zusam-
menströmenden Sachzwängen, die sich kaum entscheidend und wirkungsvoll
korrigieren lassen. Gerade die partielle rationale Problemlösung, die sich
nicht in das Gewebe der Welt einfügt, sondern nur immer Löcher reißend,
unverbunden, ihrer eigengesetzlichen Optimierung zustrebt, hat, als sie
massenhaft wurde, zu Desintegration und Ohnmacht geführt.
Allenthalben wird wertfrei weiterentwickelt, so an der Nuklear- und Gentechnik oder, um etwas Simpleres aufzugreifen: Jedes Jahr steigen die Höchst-
geschwindigkeiten der Automobile. Rational in Vereinzelung und Verkür-

zung gesehen, sind alle Prozesse logisch, in der Vernetzung des gesamten, natürlich-artifiziellen Daseins kann man alles nur für irrational, idiotisch und schädlich halten.

Diese Prozeßhaftigkeit an sich und als Selbstzweck, für den einzelnen längst nicht mehr durchschaubar, ist mit ihrer maximalen Beschleunigung, Reproduktion und inzwischen auch verschleiernden Variation Quell des Sich-Ohnmächtig-Fühlens. In normalen, emanzipierten Verhältnissen erfolgt auf breite Ohnmacht individuelle Aggression. Daran ändern auch übermäßige materielle Ausstattung, Saturierung und scheinbare Freiheit nichts, ein Faktum, das konservative Patriarchen schon immer für schiere Undankbarkeit gehalten haben, ohne zu sehen, daß schon im Vorgang der Vollausstattung aller die Gefährdung aller begründet liegt.

Von großer Bedeutung für ein Sicheinsfühlen mit Umgebung und Zeit ist das Angebot zur Identifikation. Wir haben gesehen, wie sich im Lauf der Entwicklung der rationalen Welt Reproduktion ständig verstärkt. Im Zeitalter der Unikate, auch wenn diese typisch und konventionell waren, blieben sie solche, konnte man genau Originalität und damit Aneignungsvoraussetzung feststellen. Original und Kopie waren streng geschieden, wobei die Anzahl der Kopien beschränkt blieb und Historie sowie Verweilort der Originale so bekannt waren, daß sich Verwischung meist ausschloß, wenn diese nicht, zum Beispiel bei religiösen Reliquien, absichtsvoll herbeigeführt und absichtsvoll toleriert wurde.

Das Verhältnis Mensch (meist ohne das individuelle Bewußtsein, zumindest ohne das moderne der Aufklärung) zu Original, des Gruppenangehörigen zum Unikat, führte zu starken Aneignungsbindungen, zur Identifikation. Im allgemeinen kam grundsätzlich kritische Einstellung zum Dasein kaum auf. Das Korrelat des Natürlichen war das transzendiert Übernatürliche, nicht das Naturferne.

Die Reproduktion in ihrer heute bis ins Uferlose verbreiteten Form trifft auf völlig andere Umstände, schafft auch völlig andere Voraussetzungen. Originale, welche Bindung erzeugen könnten, gibt es nur noch im Ausnahmefall als individuell gewollte Abweichung von der Regel. Sich Originale zu leisten, das mag von den kleinsten Dingen des Alltags bis zu Kunstwerken reichen, ist entweder Zeichen äußerster Exklusivität und asketischer Empfindlichkeit oder Begleitumstand zum Tod verurteilter Rückständigkeit.

Wurde früher ein Original kopiert, so stellte sich immer die Frage nach dem Vorbild. Wer heute in ein Autogeschäft geht und sich zuvor versichert hat, daß er ein gutes, bewährtes Modell einer großen Firma kaufen werde, daß die Fabrik schon hunderttausend dieser Wagen mit Erfolg verkauft hätte, wäre ein Narr, wenn er sich dafür interessieren würde, in welchem Verhältnis *sein* Fahrzeug mit der Fahrgestellnummer xyz zum Original stünde oder ob es gar ein Original sei usw. Natürlich kann er sich einreden, genau dieses Fahrzeug gäbe es nur einmal. Diese Einmaligkeit besteht aber nicht in der Eigenartigkeit des Objekts, sondern darin, daß er als Individuum Kontakt aufgenommen hat zu einem der über hunderttausend grundsätzlich gleichartigen Objekte, die Reproduktionen eines unvollkommenen Prototyps sind, dessen Eigenschaften sie, so hofft der Kunde inständig, nach über hunderttausendfacher Repetition erfolgreich hinter sich gelassen hätten. Das Industrieprodukt kommt nur als Reproduktion ans Licht.

Hier liegt also eine vollständige Umkehrung vor. Während sich der Mensch der vorindustriellen, voraufklärerischen Zeit mit dem Bewußtsein der Gruppenzugehörigkeit der Originale oder originalverbundener Kopien versichern konnte, steht der Mensch der Industriegesellschaft als individuell Empfindender, Denkender – so ist er instruiert – in der Massengesellschaft der totalen Egalität der Reproduktion gegenüber. Nun beginnen seine Aneignungsschwierigkeiten, die er mit rührenden, hilflos wirkenden Gesten zu überwinden sucht. Im Sinn totaler Kommerzialisierung gibt ihm die unter ökonomischen Zwängen stehende Reproduktion dazu surrogathafte Hilfestellung.
Bleiben wir beim signifikantesten Massenbeispiel, dem Auto. Grundsätzlich besteht zwischen Nachfrager und Anbieter Übereinkunft darüber, daß das Produkt durch die zugesagte Leistungsfähigkeit nicht verändernde Zusätze variiert werden sollte, um aneignungsgerechter zu werden. Diese Übereinstimmung hat in der Bundesrepublik Deutschland zu einer besonderen Spielart psychisch motivierter Kaufanreizsteigerung geführt. Im industriell durchorganisiertesten Land der Erde mit der entwickeltsten egalitären Konsumgesellschaft und zugleich der Sehnsucht nach Hierarchien läßt sich auf diese Weise ein rational definiertes Produkt, das Automobil, durch Zubehör, aufgelistet in endlosen Aufpreislisten, ohne Schwierigkeiten auf den doppelten Preis treiben, obwohl die tatsächlichen Verbesserungen kaum nennenswert sind. Der Grund für solche Großzügigkeit einer sonst scharf rechnenden Bevölkerung liegt in der Sehnsucht nach persönlicher Aneignung des Reproduzierten und für die sogenannte Individualität Unwerten. Bei steigendem

Wohlstand, also wachsender Notferne, geht dies skurril verzweifelte Bemühen neuerdings bei gewissen Wagentypen so weit – der Individuations- und Anpassungsdruck ist so stark –, daß unveränderte Serienmäßigkeit, zum Beispiel der Karosserien, geradezu zur individuellen Aussage über die Ungepaßtheit des Besitzers wird.

Etwas Ähnliches ist im Bereich der Architektur, vor allem aber im Wohnbau zu beobachten. In der Nachkriegszeit hat sich der Typus des deutschen freistehenden Einheitshauses, eines ebenso zweckmäßigen wie geländeverbrauchenden und durch falsche Besetzung entwertenden, meist häßlichen Bauwerks entwickelt. Der Abschreibungsparagraph 7 b, die verschiedenen Stufen der Wohnbaugesetze und die Familienstruktur der fünfziger, sechziger, bis in die frühen siebziger Jahre, recht einheitliche Bedingungen, hatten es geschafft, eine Konvention herzustellen.

Obwohl gerade diese typischen Bauten niemals in Serie hergestellt wurden, eigentlich also Unikate sind (und zu sein beanspruchen), trat doch bei den Bewohnern Irritation auf, sichtlicher gestalthafter Gleichheit wegen. Das Element der Reproduktion, allgemeine Kondition in der Gesellschaft zeigte sich, ohne daß dies angestrebt worden wäre, unverhohlen, und bereitete den nach ihrem Selbstverständnis individuellen Bewohnern Pein. So gingen sie landauf, landab daran, nach dem Vorbild des automobilen Zubehörs, den Einheitstyp, der noch dazu mit Arrangements auftrat, die verdächtig an volle Autoparkplätze erinnerten, ‚aneignungsgerechter‘ zu machen.

Dies gelang, immer nach dem gesellschaftskonformen Verständnis der Besitzer, wiederum in eher typenhafter Weise, genügte aber für die Identifikation, da diese pro Haus eine individuelle Geschichte hatte. Solche Praxis erregte natürlich den Ärger selbsternannter Führer zum Ästhetischen, vor allem der progressiven, sich merkwürdigerweise außerhalb der Gesellschaftsgefühle wähnenden Architekten, die die Notwendigkeit von Aneignungsprozessen sichtlich nicht verstanden und sich mehr von nach ästhetischen Gesichtspunkten durchgestylten, längst abgelegten, immer noch den Gedanken Fouriers verpflichteten Großstrukturen versprachen.

An diesen in den Ballungsgebieten unter Bodenspekulation und ökonomischem Druck errichteten Großagglomerationen, die die Versprechen von Form und Gestalt keineswegs einlösten, scheiterte die unverstandene Architekturmoderne. Auch hier zeigten sich wiederum, eher verloren und traurig stimmend, die Aneignungsversuche der unter Ideologiedruck zwangskollek-

Überall in Deutschland

tivierten Bewohner. Diesmal war Identifikation kaum mehr möglich. Betrachtet man die riesigen Wohnwaben, so läßt sich äußerstenfalls noch an den Rückwänden der Loggien, wenn solche überhaupt gewährt wurden, durch Applikation von Reminiszenzen, eher sinnlosen Signalen (wie Wagenrädern oder Ackergerät) ein Signal setzen. Die Klingelplatte am in der Baumasse völlig untergegangenen Eingang – er gleicht in seiner Bedeutungslosigkeit eher einem Hühnerschlupfloch im Kontext eines Bauernhofes als sinnvermittelndem Zugang – signalisiert Ordnung, Unterordnung, Gleichschaltung nach militärisch-ökonomischen Gesichtspunkten. Da tritt sogenannter ‚Beton‘ auf, Unausweichlichkeit, die erst durch Zerstörung aufgelöst werden kann.

Aneignung, die ja auch ein signifikanter Akt ins Umfeld ist, mit eigenen Ritualen der Abgrenzung gegen das ‚Du‘ des Mitmenschen, wird in solcher Situation unmöglich gemacht. Die Kasernierung der Bevölkerung unter scheinegalitärer, pseudo-sozialer Kondition hat wesentlichen Anteil an der Zeitverdrossenheit und auch an der Abkehr vom Fortschrittsdenken. Daß

Derartiges materiell in Beton ausgeführt wurde, erfuhren die Bewohner hautnah beim Warten in den anonymen Zwischenzonen der Vorplätze, vor den ständig versagenden Aufzügen, in den Treppenhäusern, die pseudofunktionalistisch, in Wirklichkeit unter Gewinnmaximierungsdruck zu Unräumen geworden waren. Die beteiligten Architekten, so etwa in Perlach bei München oder im Märkischen Viertel in Berlin, muteten rein geschmacklich-ideologisch-ästhetisierend der ihnen ausgelieferten Bevölkerung eine Art von Askese zu – dafür hielten sie Einfallslosigkeit und ökonomische Auspowerung –, die sich Kartäusermönche kaum hätten gefallen lassen. Die Würde des einfachen, des schalungsrauhen Betons, seine Unmittelbarkeit, wurde überhaupt nicht verstanden in der Breite, da die Darbietung unwürdig war.
Schon der Brutalismus hatte Le Corbusiers franziskanisches Verhältnis zum ‚Bruder béton brut‘ zur ‚pret à porter-Masche‘ verkommen lassen. Der Großteil der Siedlungen war Kitsch nach Art heroisch gewordener Gartenzwerge, genauso Kitsch wie die merkwürdigerweise für faschistisch gehaltene megalomanische Kleine-Leute-Architektur des ‚Dritten Reiches‘. Als dann in dieses gestalthafte Umkippen, in dieses Unwohnlichwerden auch von anderer Seite, vom Straßen- und Verkehrsbau her, Beton in Menge ins Land floß (und dies im Zeitraffertempo), begann die aneignungsunfähig gewordene Bevölkerung unter dem sichtlich kaum begründbaren Alptraum zu leiden und zu fürchten, bald werde der letzte Grashalm, die letzte Identifikationsmöglichkeit verschwunden sein.

Ich erwähnte schon, daß Beton mit den ehemals positiv gesehenen Eigenschaften unendlicher Haltbarkeit im raschen Wandel als Element der Verkrustung gesehen wurde.
Rasch zubereitet, gegossen, fertig, nicht mehr zurückzunehmen – es sei denn um den Preis der Vernichtung. Nun begann, vor allem nach der Energiekrise 1974, ein ständig wachsender Teil der Bevölkerung den technischen Fortschritt insgesamt zu fürchten. Zur Pannensituation der ersten Ölkrise, die ein rein kapitalistisch geplantes Marktmanöver war, wie wir heute wissen, kam eine Welle von populären, Endzeit ankündigenden Publikationen. Hellhörig gewordene Wissenschaftler, Publizisten, müde der beschleunigten Innovation, in Frage gestellt, stellten nun ihrerseits in Frage. So deutete etwa der Club of Rome die Situation aus. Die Äußerungen wurden als Prophetie verstanden, gerade so als ob noch mythische Zeiten anlägen und als ob der Stand des Wissens scholastisch festgeschrieben sei.

Wenn man im Jahre 1988, zehn bis fünfzehn Jahre nach dem Erscheinen der ‚Krisenliteratur‘, die verschiedenen Publikationen – Schumacher, Gruhl, Goldsmith/Allan, um nur einige von vielen zu nennen – noch einmal liest, erinnert man sich gut des aufrüttelnden und ein Versprechen möglicher Aneignung beinhaltenden Schocks.*

Bei all der angebotenen Ideologie findet sich auch viel Richtiges. Damals aber, zu Beginn der Ökologiebewegung, als an den wenigen autofreien Sonntagen einer Masse von Menschen die eigenen Füße wieder vertraut und wert wurden, bemerkte man plötzlich, es könne sein, daß man sich verrannt habe.

Indes wurde rasch klar, daß für die meisten das von überwiegend nicht im Wirtschaftsprozeß Integrierten gepredigte ‚Aussteigen‘ nicht realisierbar sein würde. Nun kam nicht nur die Idee auf, es sei vieles schief gelaufen; man bemerkte auch, daß Schienen gelegt waren, um alles so weiter ablaufen zu lassen, wie es *eigentlich* nicht laufen dürfte. Damals begannen viele genauer hinzusehen und entdeckten die große Manipulation, das Kartell von Politik und Wirtschaft. In eine kritische Abseitsposition ging man, als Fehldiagnosen offensichtlich wurden, als man dubiose Manipulation bemerkte, die – gleichgültig woher sie kam, ob von der Energiewirtschaft oder vom Wohnungswesen – für mündig erklärte Bürger nicht nur zu täuschen, sondern auch zu gefährden begann. Nachdem man sich längst – trotz aller Aufregung anläßlich der Atombewaffnung – unter dem Bombenschirm eingerichtet hatte, kam erneutes Unlustgefühl der atomaren Energiezukunft gegenüber hinzu.

Infolge des Konsensbruchs von 1968 entwickelte sich nach und nach in großer Breite eine bis dahin kaum gespürte Feinfühligkeit gegenüber jedweder Form von Manipulation. Übereinstimmung mit der technisch-ökonomischen Entwicklung trug nicht mehr weit. Genau dies war der Zeitpunkt, an dem das Wort Beton erst einen schalen Beigeschmack, dann aber mehr und mehr negative Bedeutung erhielt. Was verfahren war, bedrückte, machte sich am Beton fest. Was die Natur zurückdrängte, das war Beton, allenfalls Asphalt. Beton wurde als Ärgernisstoff verstanden, und dies nicht zu Unrecht. Oft ist

* E. F. Schumacher, Die Rückkehr zum menschlichen Maß, Hamburg 1977; ders., Jenseits des Wachstums, München 1974; Herbert Gruhl, Ein Planet wird geplündert, Frankfurt 1975; Edward Goldsmith/Robert Allan, Planspiel zum Überleben, Stuttgart 1972.

es vorgekommen, daß bei ungeliebten Straßenführungen, gegen die sich auf neue plebiszitäre Art eine Bevölkerung aussprach, deren politische Vertretung längst im Sachzwang war oder durchgesteckt hatte, mitten auf die grüne Wiese eine Brücke betoniert wurde. Da stand nun diese Zukunftsruine ohne Zufahrtsdämme, oder sie ragte, wie in Konstanz, blind übers Wasser, erpresserisch, nötigend.

Beton wurde von den Manipulierern eingesetzt wie das Palisadenfort im Indianerland. Der Unterschied war nur, daß letzteres sich im Notfall abbrennen ließ. Beton wurde in den Händen von Ingenieuren und vor allem Architekten – beide meist als Marionetten auf lokalpolitischer Kleinbühne tanzend, letztlich nach der Musik der Gewinnmaximierung und des geringsten Widerstandes – zum Instantmaterial.

Anrühren, hineinschütten, rütteln bis Feierabend, und beim Hellwerden fertig, nichts mehr zu ändern: So muß es der Bevölkerung vorgekommen sein, und dies zu Recht. Die ständige Hast, mit der ohne tieferes Nachdenken – nur die bürokratischen Prozeduren fraßen Zeit – eigentlich planlos auftauchende Bedürfnisse befriedigt wurden, ohne auf die breiteren Zusammenhänge zu achten – allein 714000 Wohnungen waren es im Rekordjahr 1973 –, wirkte, obwohl soviel Überlegung gar nicht dahintersteckte, als wolle man die ganze Welt in einem einzigen Augenblick momentanen Bedürfnissen opfern.

Beton also scheinbar überall. Beton wurde an Stellen geortet, wo er überhaupt nicht vorkam. Er hatte einfach symbolische Negativbedeutung erlangt. Die gesamte Mittelbarkeit moderner Existenz ließ sich so auf die einfachste Formel bringen. Der scheinbare Überfluß hatte ja längst seine Zwänge gezeigt. Überall war, selbst für nicht allzu gut Informierte, die Scheinrationalität, die zweckhafte Veränderung im Sinn einer Entmündigung des Einzelnen zu spüren.

Als dann auch noch Politiker, die müden, ewig hinterherhinkenden Filter der Ereignisse, mit Beton, Betonieren und ähnlichen Ausdrücken um sich warfen – nach eingehender Beratung durch die Demoskopen versteht sich, die als Schnittstellen zur Publikumsmeinung das delphische Orakel der Demokratie darstellen –, war der Negativbegriff durchgesetzt.

Wesentlichen Anteil hatte die Grüne Welle als teils amorphe, teils bewußte populistische Reaktion auf die wie betoniert erscheinenden Verhältnisse. Nun verband sich die Betonphobie mit der alten Sehnsucht nach einfachem, natürlichen Leben, die seit der Zeit der frühen Gartenstadtbewegung immer wieder aufflammt, mit all den verschrobenen Bekenntnissen zur Natur, die als Früchte des wachsenden Abstandes zur Normalität das Industriezeitalter begleiten. Gleichzeitig setzte ein anderer Mechanismus ein, das Übertünchen. Wieselflink hatten geschäftstüchtige Bauherren und Architekten das Hemd gewechselt, was verständlich ist, weil beide Seiten der „Bauconnection" überaus marktempfindlich geworden waren, breiten Verdrusses und allgemeiner Bausättigung wegen.

Den Umschlag der Gefühle hatte man, der gegenaufklärerischen Philosophiereaktion folgend, als ‚Postmoderne' deklariert, gerade als ob die stupid grobe ‚Hekatombenarchitektur' der Zeit davor etwas mit aufgeklärter Moderne zu tun gehabt hätte. Kurzerhand warf man den betonverdächtigen, bis zum Stumpfsinn variierten Formenapparat der sogenannten Moderne über Bord.

Stilwechsel war angesagt. Mit allerlei Geschwätz und Marketingsteuerung klebte man zur Tarnung der notwendigerweise kleiner gewordenen Bauanstrengungen eine Art mäßig dekorativen Neoeklektizismus vor. Dabei zeigte es sich, daß der Bauökonomismus oder, wenn man so will, die Nachkriegs-Neue-Heimat-Moderne dem wirklichen Eklektizismus des 19. und frühen 20. Jahrhunderts seine dürftige Würde verweigerte. Das ‚Zitat' wurde ein Schlüsselwort der Collagisten und Verpacker. Markenzeichenartig applizierte man Verkürzung, offensichtlich mit der Option, sich darauf zurückziehen zu können, alles sei nur ein Scherz und ohne eigentlich von dem Denken Abschied genommen zu haben, das der Bevölkerung als ‚Beton' erschien.

Materiell kam der Beton weiterhin überall in Massen vor, nur die phänotypischen Merkmale waren verschwunden, weil die baulichen Ausdrucksformen der ‚Reinbetonzeit' hinter allerhand pseudoindividuellen, kurzlebigen Einfällen verborgen wurden.

Als Stunde Null, als Gründungsdatum der neuen postmodernen Zeit, als Bastillesturm, ist bezeichnenderweise der Termin der Sprengung der sozialen Wohnungsbausiedlung Pruitt-Igoe in St. Louis am 15. Juli 1972 angesetzt worden. Der Beton war, so wie es sich für ihn gehört – und anders ist ihm ja auch nicht beizukommen –, in die Luft gesprengt worden. Da diese Art der Reversibilität aber ohnehin allgemein befürchtet wird, wurde das böse Omen verstanden.

Wie schon angedeutet, ist auch bei der neuen Welle umgestylter Architektur, abgesehen von grüner oder baubiologistischer Sonderbauweise, von Betonvermeidung keine Rede. Beton verbirgt sich nur hinter einer Konventionalität, die den von baulicher Tradition getrennten Konsumenten vormacht, man habe wieder Tritt gefaßt und setze dieses Vätererbe ein, um die Welt menschlicher zu machen. Im Zuge solcher Augenwischerei ist auch das flache Dach, eine von der Bevölkerung als Sparsurrogat und Begleiter der Betonkastenarchitektur angesehene Bauform, untergegangen oder hat sich zumindest auf die Baukörper der Arbeitsstätten zurückgezogen. Die neue Gürtellinie Kultur – Oberleib, Zivilisation – Unterleib tut sich auf; wir sind auf dem besten Weg, die alte, auf uns gar nicht mehr geläufige Gegensätze zurückgehende Unterteilung in hohen und niederen Zwecken dienendes Bauen ‚nachzuempfinden'.

Eine neue Doppelbödigkeit tritt als Preis für das Ende des Betons auf, oder richtiger aufgrund des lausigen, formal-ästhetisch-ökonomischen Herumprotzens mit dem bei richtiger Verwendung wohl besten Baustoff, den es je gab. Der Betrug geht jedoch weiter. Die Gesellschaft, die täglich erneut an der Schaffung der großen, endzeitlichen Entropie, an Verderb und Verbrauch ohne humanen Gewinn und auf Kosten der Brüderlichkeit arbeitet – jeder für sich und alle gegen das Überleben der Gattung –, hat sich des Symbols Beton entledigt, hat ihn in effigie durch Schönung vernichtet. Das ist eine Ersatzhandlung, da sich im Grunde nichts geändert hat.

Die Zwanghaftigkeit der Zeit schreitet fort. In die Ära der schon öd werdenden Postmoderne, der Stilspielereien, platzte Tschernobyl, dann die Rheinverschmutzung. Der negativ besetzte Begriff Beton wird seiner Anschaulichkeit und Einprägsamkeit wegen noch einige Zeit symbolhaft bleiben, weil sich Vergiftung und Verstrahlung, Schadstoffbelastung und weiteres kaum griffig unter einen einzigen Begriff subsumieren lassen.

Erst der bald spürbar werdende krasse Wassermangel wird neue, drängendere Metaphern hervorbringen. Beton aber wird, fernab aller Ideologie und psychologischen Ausdeutung, weiter wichtig sein, und zwar solange, bis der teilweise schon knapp werdende Kies endgültig zur Neige geht und Ersatzmaterialien nicht greifbar sein werden. Wann dies sein wird, ob Recycling obsoleter Betonstrukturen einsetzen wird und ob sich dann, vor dieser Möglichkeit, die Phobie lösen kann, ist heute kaum zu sagen. Immerhin darf man Vermutungen äußern, und dies soll im historisch-technischen Abriß geschehen.

Betongeschichte

Nach so umfänglicher Darstellung der Wirkkräfte, die den Beton zum Schimpfwort werden ließen, Fakten und Vorstellungen gleichermaßen, schnell einiges zur Geschichte des Betons. Das Feld ist gut beackert. So kommt es in unserem Zusammenhang im wesentlichen darauf an, Entwicklungslinien aufzuzeigen und zu interpretieren.

Die Geschichte des Betons ist die der hydraulischen Bindemittel. Diese sind in der Lage, mit Wasser chemisch zu reagieren und im Wasser auszuhärten, während, im Gegensatz dazu, andere Bindemittelarten ihre chemische Umwandlung durch Atmosphärilien, etwa durch das in der Luft vorkommende Kohlendioxid, erfahren.

Erhitzt man Kalkstein, Kreide oder auch Muscheln, also Calciumcarbonat, auf rund 1000 Grad, so wird das Material unter Abgabe von Kohlendioxid zu Brandkalk verarbeitet. Wird dieser nun mit Wasser gelöscht, dann bildet sich unter Wärmeentwicklung Calciumhydroxid oder Löschkalk, der dann nach angemessener Einsumpfdauer sandvermischt zum durch Kohlendioxidaufnahme an der Luft erhärtenden Luftkalkmörtel wird. Dieser ist jedoch, trotz guter Eigenschaften als Mauermörtel und Verputz und als klarer Kalk auch für Tünche- und Malerarbeiten, nicht wasserfest.*

Brennt man, ebenfalls bei Temperaturen um 1000 Grad, tonhaltigen Kalkstein oder setzt man Ton beim Brand zu, so wird das gebrannte und feingemahlene Material zu einem Bindemittel, das wasserfest ist und sogar unter Wasser abbindet und auf Dauer aushärtet. Die sehr guten Eigenschaften bewirken kieselsäurereiche und damit wasserbindende Stoffe, welche Calciumsilikate bilden. Man bezeichnet die gewonnenen Bindemittel als hydraulisch oder, bei stark reagierenden Produkten, auch als hochhydraulisch.

---

* Brennprozeß und Löschen. Kalkstein $CaCO_3$ wird unter Erhitzung auf 1000°, Abgabe von Kohlendioxid (CO_2) zu gebranntem Kalk, Calciumoxid (CaO). Durch das Löschen mit Wasser (H_2O) entsteht gelöschter Kalk, Calciumhydroxid ($Ca(OH)_2$). Durch Aufnahme von Kohlendioxid (CO_2) aus der Luft Rückverwandlung zu Calciumcarbonat ($CaCO_3$).

Wird ein Kalk-Tongemisch oder Mergel über der Sintergrenze bei Temperaturen von 1400 bis 1500 Grad Celsius gebrannt, so entsteht als Sinterprodukt der sogenannte Zementklinker, der dann, nach Zerkleinern und Feinmahlen, je nach Zusammensetzung, die unterschiedlichen Zementqualitäten ergibt. Die während des Zementklinkerbrennens ablaufenden chemischen Prozesse sind relativ komplex und sollen hier nicht wiedergegeben werden. Endprodukt dieser Prozedur sind die modernen Zemente, vor allem der nach DIN 1164 genormte Portlandzement.

Diese etwas umständlichen Definitionen müssen zum Verständnis den Darlegungen vorausgehen, da sie kaum jedermann völlig geläufig sein dürften. Wie es zu den ersten gebrannten Kalken und damit zu Mörtel kam, ist unbekannt. Zwar gibt es einige einleuchtende Deutungen, wie man zu früher Zeit hinter das Geheimnis des Kalkbrennens gekommen sein könnte; wir wissen aber nichts. Im Kulturschub, der im vorderen Orient um 3000 vor der Zeitrechnung einsetzte, muß es zur ersten Verwendung von Naturgips als Mörtel gekommen sein; Wissenschaftler hatten, zunächst irrtümlich, an der Cheops- und Chefren-Pyramide im Calciumsulfat des Gipses Spuren von kohlensaurem Kalk festgestellt und damit den ersten Kalkbrand nachzuweisen versucht. Gründliche Analysen ergaben aber, daß Calciumcarbonat nur als natürliche Verunreinigung im ägyptischen Gipsmörtel der Pyramidenzeit anzusehen ist. Daß die Ägypter zu Gipsmörtel gelangt waren, zu Calciumsulfat, das durch niedertemperaturiges Brennen bis zur Austreibung der Hälfte des in den Gipskristallen gebundenen Kristallwassers und danach, unter Wasserzugabe, wieder zu kristallinem Gips wird, scheint, so eine einleuchtende Ausdeutung, am Energiemangel gelegen zu haben. Das thermische, energiespeichernde Holz war Importware, zu teuer und zu schwierig heranzuschaffen, um in den für Kalkbrand erforderlichen Massen verheizt zu werden.
Als um 1000 vor der Zeitrechnung der biblische König David Jerusalem zum Königssitz machte, benutzten eigens herbeigerufene phönikische Spezialisten zur Auskleidung der neu angelegten Zisternen einen dichten und dazu wasserfesten Kalkputz. König Salomon, Sohn Davids und der eigentliche Bauherr Jerusalems, ließ weitere Zisternen samt Wasserleitungen errichten, und wieder wurde ein Kalkputz verwendet, der durch Zugabe von Ziegelmehl sogar gute hydraulische Eigenschaften aufwies.
Aus den biblischen Berichten läßt sich also schließen, daß die Phönizier, ein

Volk von enormer technischer Erfindungsgabe und hoher Rationalität, wohl den ersten hydraulischen Mörtel, eine Mischung aus Kalk, Ziegelmehl und Sand, erfunden haben.

In Festungsbauakten um die Mitte des 19. Jahrhunderts habe ich diese uralten Rezepturen wiedergefunden. Damals galten sie jedoch als römisch. Sicherlich haben wohl auch die Phönizier gelöschten Kalk mit vulkanischem Sand aus Santorin gemischt und so einen noch hochwertigeren hydraulischen Mörtel hergestellt.

Für die Griechen war Kalk lange Zeit vor allem Stoff für Pigmentierung in al fresco Technik und, unter Zugabe von Marmormehl, als Feinüberzug für Hausteinarbeiten.

Als im 6. Jahrhundert der Marmor die Holzbauweise der Nachwanderungs-zeit verdrängt hatte, arbeitete man in Hellas weiter mit mörtellosen Fügun-gen und Passungen, eine typisch traditionalistische Übernahme aus dem Holzbau.

Erst im 2. Jahrhundert tauchte in Großgriechenland, in Unteritalien also, eine neue, wohl von dortigen Bewohnern abgeschaute und in griechischer Präzi-sion weiterentwickelte Technik auf, das sogenannte ‚emplekton'. Hierbei handelte es sich um nichts anderes als um Gußbeton in verlorener Schalung. Zwischen zwei gefügte Werksteinschalen, die mittels durchbindender Steine verbunden waren, vergleichbar den Spannstählen und Distanzhaltern unserer Schalungen, wurden Bruchsteinbrocken unterschiedlichen, nicht zu großen Volumens geschüttet, die man dann mit Kalkmörtel übergoß, der durch Stochern in die Zwischenräume gelangte. Das war der Anfang der Gußbeton-bauweise. ‚Impimplemi' heißt nämlich nichts anders als hineinfüllen, voll-füllen. Diese Herstellung ist eine außerordentliche Verfeinerung einer sehr alten „rustikalen" Bauart, der Technik der gestampften Erd- oder Lehmwand, die sich sicher an vielen Stellen der Welt unabhängig voneinander entwickelt hat

Vor allem der frühe und primitive Befestigungsbau in Löß-Lehmgebieten wurde als massige Stampflehmkonstruktion zwischen unterschiedlichen Sta-kungen oder Schalungen bewerkstelligt, und auch im Erdbau wurde lange zwischen Geflecht geschüttet, mit Steinen und Holzwerk verstärkt. Cäsar berichtet im *Gallischen Krieg* präzise über derartige Bauweisen. Besonders die hochentwickelte chinesische Fortifikatorik gab über Jahrtausende die tra-dierte Stampflehmtechnik weiter. Gelang es, das Wasser fernzuhalten oder baute man in regenarmen bis niederschlagslosen Gebieten, dann war die me-

chanische Trockenbindung des Lehms völlig ausreichend, wenn genügend
Masse und geringer Schlankheitsgrad gewährleistet waren. Der ökonomische
Faktor spielte auch keine Rolle, da das Material vorhanden und auch wieder-
verwendbar war, während menschliche Arbeitskraft, verstärkt durch den
Einsatz von Last- oder Zugtieren, immer überreichlich zur Verfügung stand.
Daß der Lehmbau in weniger entwickelten Kulturen ebenso wie das Bauen
mit Holz ausschließlich angewandt wurde, beweisen auch die Römer.
Bis ins dritte Jahrhundert kannten sie nichts anderes, folgten aber damals im
Tempelbau schon etruskischen Vorbildern. Erst im zweiten Jahrhundert
kam es zur Übernahme des Steinbaus für herausgehobene Bauten. Wieder
waren die Etrusker die Vermittler des Fortschritts. Zwar vererbten sie den
Römern die Kunst des Bauens und Wölbens, alle Bauteile wurden aber meist
aus leicht zu bearbeitendem Tuff hergestellt und mörtellos gefügt, getreu den
mittelmeerischen Steinbau-Traditionen.
Im Zug der Eroberung Unteritaliens durch Rom, die sich in Etappen über das
gesamte dritte Jahrhundert erstreckte und um 211 mit der Eroberung Capuas
abgeschlossen war, kam dann die Technik des ‚emplekton' nach Rom und
wurde dort zum ‚opus caementitium' weiterentwickelt. Die Neuerung bestand darin, daß in unterschiedliche Schalung – sogar Brettschalung kam
schon vor – ein Grobmörtel aus hydraulischem Kalk und gebrochenen Zuschlagstoffen mit einer Korngröße bis etwa 70 mm zuerst angemacht und
vermischt und danach gegossen und durch Stampfen verdichtet wurde.
Das römische Verfahren war also viel rationeller und preiswerter als das
handwerklich sorgfältig auszuführende ‚emplekton'. Selbstverständlich gab
es keine wissenschaftlich festgelegten, standardisierten Mischungsrezepte.
Alle Werte waren empirisch gefunden, andererseits aber, vor allem bei Verwendung von Pozzolanerde – gemahlenem Tuffstein als hydraulischem Zusatz –, kaum weniger druckfest und beständig als moderner Hochleistungs-
beton.
Ohne die hervorragende römische Betontechnik, die im letzten Drittel des
zweiten Jahrhunderts festzustellen ist, wäre die römische Baukultur der Republik und vor allem jene der Kaiserzeit nicht denkbar. Die Standfestigkeit
der Betonmauern war so groß, daß sich die ebenfalls aus ‚opus caementitium'
bestehenden Gußgewölbe, die nach Erstarren reine Monolithe wurden, trotz
gewaltiger Gewichte gut bewältigen ließen, da sie im wesentlichen Druck-
beanspruchung ausübten und anders als normale Gewölbe keinen Schub
erzeugten.

Das römische Weltreich – das kann man behaupten, ohne in Gefahr zu geraten, widerlegt zu werden – war baulich auf Beton, auf das ‚opus caementitium‘, gegründet. Der gesamte römische Ingenieurbau, ob Wasserbau mit Leitungsbau, Aquädukten, Zisternen, Dückern und Abwasserkloaken, ob Hafenbau, Brückenbau oder die Architektur der Befestigungen, der Paläste, Thermen und Foren, wurde technisch durch gigantische Massen von Beton ermöglicht und dies reichsweit. Welche Ausmaße die Betonverwendung hatte, läßt sich nur ahnen.

Es gibt Autoren, die die Verkarstung des Appenin dem Flottenbau der Römer anlasten. Es läßt sich aber am Beispiel Venedigs und der dalmatischen Gegenküste unschwer analogschließen, daß die im Holz gespeicherte Energie wohl eher für Kalkbrand, Glasschmelze, Eisenverhüttung und andere technische Zwecke eingesetzt wurde als für den Bau von Häusern oder Schiffen.

Es ist schwer vorstellbar, was die Römer an Holz verbraucht haben müssen, um all den Kalk zu brennen, der in ihren ‚opera caementitia‘ steckt.

Doch zurück zur Technik:

Beim Kuppelbau wurden sogar die Zuschläge nach Gewichtsklassen geordnet, um die Lehrgerüste vor dem Erstarren der Kuppelmonolithen möglichst zu entlasten. Das Pantheon ist eines der raffiniertesten Beispiele der Anwendung empirischer Statik durch verfeinerte Beton- und Füllstofftechnik.

Wichtig für die Betrachtung des römischen Betonzeitalters ist, daß der Baustoff fast nirgends – oder wenn, dann nur im untergeordneten Bereich – sichtbar blieb. Schon im zweiten und dann im ersten Jahrhundert verblendete man mittels Ziegeln (das sogenannte ‚opus testaceum‘) und mit Marmor (als ‚opus reticulatum‘) in Form kleiner, diagonal wie ein Netz angeordneter, überall einsetzbarer und fast industriell herstellbarer Steine. Daneben gab es das wohl von etruskischen Mauern übernommene, sehr preiswerte ‚opus incertum‘, eine aus polygonalen, ungleich großen Steinplatten bestehende Verkleidung, wie sie im 19. Jahrhundert wieder an österreichischen Festungsbauten in Italien aufgegriffen wurde. Hinzu kam noch eine Mischmauerwerk darstellende Verkleidung aus Ziegelbändern und Natursteinschichten, das ‚opus mixtum‘.

Sichtbeton zu zeigen, außer in rein technischen Bereichen, hätte als kunstlos gegolten. Mit dem Begriff der ‚Materialehrlichkeit‘ hätten die Römer nichts anfangen können. Ein unübersehbar entscheidender Gesichtspunkt bei der bedeutenden römischen Architektur mit ihren gewaltigen Materialmassen war sicher auch, daß mit einer großen Zahl ungelernter Bauarbeiter-Sklaven gearbeitet werden konnte und mußte, um den republikanischen und später kaiserlichen Baubetrieb aufrecht und einträglich zu erhalten. Gerade für solchen Einsatz ist die Betontechnik jeder handwerklich sauber durchgeführten Gewölbe-Mauerwerkskonstruktion wirtschaftlich enorm überlegen. Dies kann jeder Fachmann bestätigen, der im heutigen Baubetrieb beide Bauweisen miteinander vergleichen kann.

Zur Mörtel- und Vergußtechnik gibt es präzises römisches Schrifttum. Cato der Ältere (243–149 v. Chr.), der Todfeind Carthagos und Wissenschaftler, der als alter Mann auch noch griechisch lernte, als er merkte, daß dies seiner wissenschaftlichen Arbeit förderlich sei, beschrieb in seinem Hauptwerk *De agricultura* das damalige Kalkwissen, nach Vorkommen, Herstellung und Verarbeitung.

Plinius der Ältere (23 v. Chr. – 79 n. Chr.) – er kam beim Vesuvausbruch ums Leben – beschrieb in seiner *Historia naturalis,* einer siebenunddreißigbändigen Enzyclopädie, im Abschnitt ,Mineralien' auch deren Verwendung und den hydraulischen Mörtel. Genaueres ist aber im Buch *De aquis urbis Romae* des Militärschriftstellers Sextus Julius Frontinus (40–103 n. Chr.) – er war Kaiser Nervas ,curator aquarum', modern gesagt, kaiserlicher Wasserwerksdirektor – zu lesen, denn Plinius verstand von dem, was er aufschrieb, nur wenig.

Den für unser Wissen wichtigsten Beitrag über römische Bautechnik hat aber ohne Zweifel Marcus Vitruvius Pollio (80–10 v. Chr.) geliefert. Er diente als Militär- und Wasserbauingenieur unter Cäsar und Augustus und verfaßte zwischen 16 und 13 vor Chr. seine Zehn Bücher *De architectura*, als Zusammenfassung griechischer Quellen und Darstellung eigener Erfahrungen. Vieles hat Vitruv nur oberflächlich beschrieben, im Sinn der Vollständigkeit oder nach dem Hörensagen. Über weite Strecken ist er aber sehr genau. So schreibt er im fünften Buch über Kalk und Kalkmörtel und im sechsten von Puzzolanerde. Für die Mörtelmischung mit Grubensand gibt er im fünften Kapitel des fünften Buchs eine Mischung von drei Teilen Sand und einem Teil zugegebenen Weißkalk an. Bei Fluß- oder Meeressand ist die Mischung zwei zu eins. Dazu kommt zur Verbesserung ein Drittel gesiebtes Mehl zerstoßener Ziegel. Als Begründung, warum diese Mischung sehr hart werde, führt er die ,Vier-Elementen-Lehre' an und meint, das Feuer hätte aus den Poren des Steins die Luft und das Wasser herausgebrannt, und nun gewinne der Kalk beim Eintauchen ins Wasser seine Kraft wieder, und das

Wasser reiße den Sand in die Kalkporen. Vitruv verstand das Festwerden des Kalks ohne chemische Kenntnisse noch einzig als Eintrocknungs- und Verklebungsvorgang.

Über Puzzolanerde schreibt er: *„est etiam genus pulveris quod efficit naturaliter res admirandas...",* und weiter: *„Sie wird zutage gefördert im Gebiet der Stadt Baiae und auf den Feldern der Gemeinden, die um den Vesuv herum liegen. Mit Kalk und Bruchstein gemischt, gibt sie nicht nur den üblichen Bauwerken Festigkeit, sondern auch Dämme werden, baut man sie damit ins Meer, im Wasser fest."* Zur Erklärung für diese Eigenschaften der Puzzolanerde führt Vitruv dann wieder das im Erdinneren wirkende Feuer an.

Im siebten Buch ist die Rede vom Kalklöschen und vom Verputz an feuchten Wänden. Dabei bezieht sich Vitruv auf Cato, der ausgeführt hatte, der sauberste und härteste Kalkstein ergäbe den besten Brennkalk. Dies gilt aber, wie wir wissen, nur für den Weißkalk, der an der Luft erhärtet und beständig ist, unter Wasser aber, unter Luftabschluß, nichts taugt. Da half schon damals nur das übliche Kalk-Ziegelmehlgemisch.

Selbst bei Kalken, die aus natürlichen, hydraulische Zuschläge enthaltenden Rohstoffen gebrannt wurden, aber auch wenn Puzzolanerde verwandt wurde, setzte man nach römischer Vorschrift Ziegelmehl zu.

Vitruv beschreibt im übrigen auch den Hafenausbau in Puteoli, dem Ausfuhrhafen der Puzzolanerde, dessen Molenkonstruktion in Puzzolanbeton ausgeführt worden war. Auch an dieser Stelle definierte er als eine gute Mörtelmischung einen Teil Weißkalk und zwei Teile Puzzolanerde.

Für das ,opus caementitium' gibt er eine Mischung von zwei Teilen Kalk auf fünf Teile Puzzolansand unter Zuschlag von kieselsäurehaltigem Gesteinsbruch mit einem Maximalgewicht von einem römischen Pfund (227,5 Gramm) an, die so steif sein müsse, daß sie sich nach Einbringung in verlorene Stein- oder Holzschalung durch Stampfen mit einer eisenbeschlagenen Ramme gut verdichten lasse.

Hafenmolen wurden Vitruv zufolge auch schon aus Betonfertigteilblöcken gebaut, die nach dem Aushärten an Land von Leichtern abgekippt wurden.

Vor allem nach seiner Wiederentdeckung in der Renaissance galt Vitruv als der große Lehrer für die gesamte Bautechnik und für die Baukunst. Manchmal übrigens meint man zu bemerken, daß viele, die Vitruv ,zitieren', die *Zehn Bücher* nie in der Hand gehabt haben.

Nachzutragen ist, daß die Römer über leistungsfähige, mit Holzkohle betriebene Schachtöfen verfügten, wie sie zum Teil auch heute noch, also fast 2000 Jahre später, in entlegenen Gegenden der Dritten Welt in Betrieb sind.

Wie schon angedeutet, verbreitete sich der römische Beton im ganzen Reich. Wir finden ihn am Pont du Gard bei der Konstruktion des Wasserkanals ebenso wie an Limesbauten an der Barbarengrenze. Die gewaltigen Architekturen der dritten Reichshauptstadt Trier sind auf Betonfundamenten errichtet, die mit Dolomitkalk oder Traßzuschlag gegossen worden sind. Die unfertigen Kaiserthermen zeigen eine Art weiterentwickelter ‚emplekton‘-Wandkonstruktion.

Selbstverständlich fand die gesamte römische Technik auch in Ostrom Verwendung, wo sie an der Hagia Sophia, deren 31 Meter weit gespannte Kuppel aus Gußbeton besteht, ebenso zum Einsatz kam, wie am weltberühmten, fast tausend Jahre lang nie bezwungenen doppelten Mauernzug der Stadt Byzanz.

Technikverlust und Neuentdeckung

Die Zeit der Völkerwanderung brachte einschneidende Verluste im gesamten römischen Kulturraum. Dabei ging auch technisches Wissen in weiten Bereichen unter. Zwar überlebten in Gallien, dessen römische Strukturen niemals gänzlich erloschen und zur Basis der fränkischen Macht wurden, Fertigkeiten wie die des Ziegel- oder Kalkbrennens; es war aber nach dem Zusammenbruch des Fernhandels und der weiträumigen Wirtschaft im Niedergang des römischen Reiches kein größerer Bedarf zu decken, und so bestand keine Notwendigkeit, die technische Tradition Roms fortzuführen. Schon gegen Ende des Reiches hatte die Subsistenzwirtschaft der selbstversorgenden Güter zu bemerkenswertem kulturell-technischem Abschwung geführt. Der Organisationsgrad der Völkerwanderungszeit und auch jener der ersten stabilisierten Herrschaftsperioden war einfach nicht derart, daß die Übernahme römischer Praktiken in der Breite notwendig geworden wäre.
Die überwiegende Zahl aller Bauten wurde in Holz errichtet; das Material war in Massen vorhanden, und die bäuerlichen Gesellschaften beherrschten seine Verarbeitung. Sakrale oder administrative Obrigkeitsbauten wurden gemauert. Viele bedeutende Bauteile waren Spolien aus römischen Gebäuden, und im übrigen mauerte man meist mit reinem Lehmmörtel, eine Bauweise, die sich bis in 18. Jahrhundert zog, oder man mischte Luftkalk mit Sand oder Kalk mit Lehm. Wo immer dies landschaftlich möglich war, so im Pariser Becken und andernorts, wurde Gipsstein zu Halbhydrat gebrannt und als Bindemittel verwandt. Auch bei dieser Mörtelart war Ziegelmehl, dessen Grundstoff aus römischen Ruinen zu gewinnen war, eine beliebte Beimengung.
Hydraulische Kalke und damit den Grundstoff für ‚opus caementitium' erhielt man nur dort, wo Dolomit zu brennen anstand. Besondere Regeln kann es nicht gegeben haben. Die Ziegelmehlgabe, oft wurde auch Ziegelbruch beigegeben, richtete sich nach dem Vorhandensein des Materials. Traß und Puzzolanerde spielten nur noch im direkten Umkreis ihres Vorkommens eine Rolle. Sicher wußte man noch vage, daß der eine oder andere Stoff zu Wasserfestigkeit führt, hatte aber keine Übersicht und kein System, da den

neuen Akteuren auf der historischen Bühne meist jegliche Voraussetzung für kausales Denken fehlte.

So kam es für lange Zeit zu allerhand grotesken Rezepturen; man gab dem Mörtel Eier, Milch oder Molke, Schaf- und Ochsenblut bei. Auch Urin, Essig und Wein wurde zum Anteigen des Kalks verwendet. Die meisten der Beigaben waren kaum schädlich, in der Mehrzahl hatten sie wohl nicht den geringsten Einfluß auf die Festigkeit. Oft wurde auch schlicht unter reichlicher Beigabe von fettem Weißkalk Massenmauerwerk errichtet, dessen Vermörtelung dann im Inneren, nach Lufthärtung des Mörtels in den Randbereichen, ohne Luftzufuhr jahrhundertelang nicht aushärtete. Bei Restaurierungen alter Bauten, vor allem von Befestigungen, kann man immer wieder derartige Bereiche finden.

Während die Mittelmeeranlieger, vor allem auch die Mauren in Spanien, für Wasserbauten immer auf Puzzolanerde zurückgriffen und damit dauerhafte Konstruktionen erzielten, kam es erst im 17. Jahrhundert unter niederländischer Ägide zu breiterer Traßverwendung. Im Kurkölnischen fand sich Traß in Menge; die Holländer, modern denkende, aufgeschlossene Kaufleute, vermarkteten ihn ab Beginn des Jahrhunderts. Nach dem Ende des Dreißigjährigen Kriegs kamen die Erzbischöfe von Köln und Trier selbst auf die Idee, das Material zu vermarkten, wobei sie mit anderen kleinen Anliegern in Streit gerieten. Dies nutzten die Holländer und brachten den Handel wieder an sich. Im 16. Jahrhundert gab es zahlreiche Versuche, die Eigenschaften von Traß oder Puzzolan mit anderen Stoffen zu erreichen. Wir wollen diese Nebenwege der Entwicklung nicht verfolgen, sondern direkt ins Zeitalter der Aufklärung und der frühen Industrieentwicklung voranschreiten.

Natürlich hatte auch Leonardo da Vinci, das Universalgenie – wie könnte es anders sein – eine Mole aus vorfabrizierten Betonsteinen vorgeschlagen, aber erst im 18. Jahrhundert stieg die Betonverwendung beim Fundamentieren von Brücken und bei Wasserbauten wieder an. Nun war die Zeit reif, dem Problem des hydraulischen Bindemittels mit wissenschaftlich analytischer Methode auf den Leib zu rücken.

Dies unternahm John Smeaton (1724 – 1792). Ursprünglich Jurist, beschäftigte er sich hauptsächlich mit dem Bau nautischer Instrumente. Darüber hinaus schrieb er; sein Spezialgebiet war die Mechanik, er stellte aber, wie viele naturwissenschaftlich Gebildete seiner Zeit, astronomische Beobachtungen an. 1753 wurde er seines großen technischen Wissens wegen Mitglied der Royal Society of Civil Engineers. 1776 erhielt er den Auftrag, den bereits zweimal zerstörten hölzernen Leuchtturm auf der Edystone-Klippe diesmal dauerhaft in Stein aufzubauen. Dies gelang ihm in den Jahren 1756–1759 so perfekt, daß der Turm bis 1882 Bestand hatte und erst abgetragen werden mußte, als die Klippe insgesamt gefährlich unterspült war. Im Plymouth hat man den Bau als Denkmal für Smeaton wieder aufgerichtet.

Smeaton war klassisch gebildet. Ihm war klar, daß er, um seinen Bau haltbar herstellen zu können, eines hydraulischen Mörtels bedürfte. In Experimenten widerlegte er Catos Meinung, harter, glänzender Kalkstein ergäbe nach dem Brennen auch Kalk hoher Festigkeit. So kam er, Mensch des großen wissenschaftlichen Zeitalters, zu dem Schluß, daß Härte und Wasserfestigkeit andere Gründe haben müßten. Er analysierte viele Kalksorten und beriet sich mit einem befreundeten Chemiker. Dieser riet ihm, die verschiedenen Hauptbestandteile auszufiltern und gewichtsanalytisch zu identifizieren. Diese Methode war damals völlig neu. Smeaton löste mit Säure auf, filterte und gelangte zu einer Trockenmasse von Aberthaw-Kalk, der wie blauer Ton aussah und nach dem Brennen eine rötliche, ziegelähnliche Kugel bildete. Durch Verwendung von Kreide und Plymouth-Kalk erhielt er im gleichen Experiment rückstandslose Auflösung und stellte somit die Reinheit dieser Kalksteinsorten von Beimengungen fest. So schloß er, daß ein Tonanteil im Kalkstein Grund für dessen Eignung als Kalk für Wasserbauten sei. Damit hatte er, und das ist das grundlegend Neue, durch chemisch-physikalische Experimente das Dunkel um den hydraulischen Kalk gelichtet.

Zum Bau des Leuchtturms verwendete er eine Mörtelmischung aus Aberthaw-Kalk und aus Civitavecchia importierter Puzzolanerde im Verhältnis 1:1. Er war sicher, daß diese Mischung einen Zement ergeben würde, der dem besten handelsüblichen Portlandstein, einer damals bei Londoner Bauten viel verwendeten Kalksteinsorte, an Festigkeit und Dauerhaftigkeit nicht nachstünde. So kam es später, als Joseph Aspdin, einer der Väter des modernen Zements, für sein Produkt einen Namen suchte, zur inzwischen klassisch gewordenen Benennung ‚Portland-Cement'.

Smeatons Ergebnis hätte keine Breitenwirkung erreicht, wenn nicht im 18. Jahrhundert neben allen anderen Erfolgen der Technik – Papins Topf, die Wattsche Dampfmaschine, die Cartwrightsche Spinnmaschine und vieles andere mehr – auch die Verhüttung des Eisens, Koks als Brennmaterial und die Stahlvergütung im Puddelverfahren entwickelt worden wären. Bald kam man nämlich dahinter, daß auch Schachtöfen für Kalkstein- und Portlandzementklinkerbrand mit Koks zu betreiben wären. Zuvor, in Zeiten des

Holzbrandes, wurde in England und auf dem Kontinent ein derartiger Raubbau mit der Primärenergiequelle Holz getrieben, daß die Eisenherstellung, aber auch andere von thermischer Energie abhängige Fertigungsprozesse gedrosselt werden mußten.

Kaum aber waren die Koksöfen angefacht, war breite Produktion möglich. Bald gab es – dies ist aus heutiger Sicht interessant – heftige Klagen über Gestank und Luftverschmutzung.

Etwa gleichzeitig mit Smeatons Erfindung läßt Bernard Forest de Bélidor (1697–1761), Professor des Artilleriewesens und Mathematiker, sein Buch *L'architecture hydraulique* (1753), ein Standardwerk des Wasserbaus, drucken. Hier findet sich zum ersten Mal die Bezeichnung ‚beton' für hydraulische Gemenge. Ob sich dieser Begriff von ‚bitumen' (gleich ‚Erdpech'), wie oft vermutet, herleiten läßt, oder ob ihm die altfranzösische Mauerbezeichnung ‚betun-becton' zugrunde liegt oder das Verb ‚beter' (gerinnen, erstarren lassen') bzw. ‚betun' für ‚Schlamm, Lehm' ist bis heute nicht entschieden.

Nach diesen grundlegenden Anfängen riß die Kette der Erfindungen nicht mehr ab. James Parker brannte Mergeleinschlüsse bei etwa 1000 Grad und brachte es so zu einem Traßersatz, der ohne Zugabe von Kalk ein gutes hydraulisches Bindemittel ergab. Er nannte sein bald industriell produziertes Erzeugnis zu Ehren der Römer ‚Romancement' und als die Schutzfrist für sein Patent abgelaufen war, stellte sich überall Konkurrenz ein.

Nun ging die Entwicklung in die Breite. Eine ausführliche Schilderung würde zu weit führen. J.F. John, Professor für Chemie in Berlin, schrieb eine Abhandlung über Mörtel und stellte eine Theorie der hydraulischen Wirkung auf. Er stellte 1817 fest, daß im erhärtenden Mörtel Kalkanteile mit Kieselsäure, Tonerde und Eisenoxid reagierten oder mit allen drei Stoffen gleichzeitig. In Frankreich beschäftigte sich Louis-Joseph Vicat, Ingenieur im Corps de Ponts et Chaussées, 1786–1861, anläßlich von Brückenbauten mit dem gleichen Thema. Seine Brücke in Souillac, gebaut im Jahr 1812, wurde zum Versuchsobjekt. Sie steht trotz enormer Belastungen bis heute. Auch Vicat wurde mit seiner 1818 veröffentlichten Arbeit *Recherches experimentales sur les chaux de constructions, les bétons et les mortiers ordinaires* zu einem der frühen Theoretiker und gelangte, ohne von John in Berlin zu wissen, zu identischen Ergebnissen. Auf Grund seiner Anregungen wurde der Wasserkalk das in Frankreich bis ins erste Viertel des 20. Jahrhunderts vorherrschende Bindemittel, während sich in England und später in Deutschland der Portlandzement durchsetzte.

England blieb in fertigungstechnischen Fragen noch lange tonangebend. So entwickelte Isaac Charles Johnson (1811–1911) den über der Sintergrenze gebrannten Portlandzementklinker aus fünf Teilen Kreide und zwei Teilen Ton, der nach mancher Meinung erst den eigentlichen Portlandzement darstellt. Die Geheimniskrämerei um die Rezepturen war im übrigen so lange undurchdringlich, bis Max Pettenkofer in München in seinem Laboratorium eine genaue Analyse durchführen ließ und auch die Bedeutung des Sinterns ausdrücklich bestätigte. Der berühmte Pettenkofer war 1849 der erste, der das Verfahren der Portlandzementherstellung präzise beschrieb. 1852 erläuterte dann auch in England George Frederick White vor dem Institute of Civil Engineers den Herstellungsprozeß in wissenschaftlicher Weise.

In Deutschland und Frankreich nahm man um 1850 die Herstellung von Portlandzement auf. Besser durchsetzen konnte sich dieser während der darauffolgenden siebzig Jahre in Deutschland. Bald übertraf die deutsche Fertigung nach Menge und Qualität die englische. Namen wie Hermann Bleibtreu, Rudolf Dyckerhoff und Wilhelm Michaelis sind mit den Fortschritten eng verbunden. Noch waren einige Fragen der Beimischung zu lösen. So gab es in der sogenannten ‚Magnesia-Frage‘ ziemlichen Ärger, als in Preußen 1885 nach vorausgegangenen Schäden durch aufquellenden Zement (das sogenannte ‚Treiben‘) die Verwendung reinen Zementmörtels verboten wurde. Rudolf Dyckerhoff konnte damals nachweisen, daß nicht Portlandzement, sondern andere Konkurrenzprodukte mit hohem Magnesiaanteil – Magnesia galt zum Beispiel auch in der Bauliteratur der Zeit als besonders hydraulisch wirkender Zuschlag – die Schäden hervorgerufen hätten.
Die Schwierigkeiten veranlaßten weitere Analysen, und schließlich setzte man den Magnesiumgehalt im Zement auf maximal fünf Prozent fest. Seither gibt es keine Magnesiaschäden mehr.
So stand das Bindemittel des Betons, der Normenzement, spätestens zu Ende des 19. Jahrhunderts in bester Qualität und großen Massen zur Verfügung.

Beton im 19. und 20. Jahrhundert

Obwohl das 19. Jahrhundert den eigentlichen Durchbruch der hydraulischen Bindemittel und des daraus gefertigten Grobmörtels, des Betons, brachte, war es – dies bereitete sich ab der Mitte des 18. Jahrhunderts vor – die große Zeit des Eisens. In ungeahnter Weise hatte dieses Material durch technisch-rational ermöglichte Massenproduktion von Gußeisen, Schmiedeeisen, nach 1855 Stahl, Formeisen, Walzstahl, am gesamten Aufschwung der Zeit teil.

Am Anfang stand die neue Verhüttungstechnik der koksbefeuerten Schacht-öfen, nachdem die Eisenerzverhüttung in England zu Kahlschlag und anschließender Energiekrise zu führen drohte, betrieb das Eisenwerk in Coalbrookdale ab 1740 als erstes einen Kokshochofen. Dieses damals fortschritt-

Abraham Darby, Coalbrookdale Bridge, England, 1777

liche Werk war es auch, das als erstes sein eigenes Gußmaterial als Ersatz für immer wieder verrottendes Holz, zum Bau der als großes Beispiel geltenden Coalbrookdalebrücke über den Severn (1777) einsetzte. Die elegante, nur auf Druck beanspruchte Konstruktion ohne Vorbild zeichnete Abraham Darby, dessen Vater den ersten Kokshochofen konzipiert hatte. Das Gießen in verlorener Sandform, aber auch in Gußkästen, sogenannten Coquillen, nahm einen gewaltigen Aufschwung. Gerade hier zeigte sich der Gedanke bequemer, kostengünstiger Reproduzierbarkeit als besonders fruchtbar. Man goß nahezu alles an Gerät, bis hin zum Kunstguß, und begann in Serien, in den Kategorien modularer, also fast beliebig reproduzierbarer Teile zu denken. Wir haben diese rationale Praxis schon zu Beginn der Buchdruckerkunst festgestellt; hier aber zeigt sie sich erst im entwickelten technischen Verfahren. Zuerst ging es wohl darum, dem Bergbau endlich ein brauchbares Transportsystem zu verschaffen, und dazu brauchte man Schienen für die sogenannten Hunde. So verbindet sich der Gedanke der Mobilität mit dem der modularen Reproduktion. Zwar zeigte sich bald, daß Grauguß sich nicht für Schienen eignete, doch dies spielt in unserem Zusammenhang keine bedeutende Rolle. Wichtig ist der Vorgang des Gießens, der zu hoch druckfesten Produkten und zu Serien führte, und dies meist in verlorener Form. Es kommt nicht von ungefähr, daß etwa gleichzeitig Gußmörtel auf starkes Interesse stieß, da sich auch hier – wir haben dies schon an Hand der römischen Entwicklung betrachtet – Arbeits- und Aufwandseinsparung, also große kapitalistische Gewinnchancen boten. So kam es um 1800 zu einer Renaissance des gegossenen Mauerwerks, nachdem endlich geeignete Bindemittel industriell hergestellt werden konnten. Unglaublich rasch folgte auch der Zementmörtel dem Gußeisen als Konkurrenzprodukt, bis hin zum Zementkunstguß. Die logistischen Vorteile, aber auch die geringe technische Zurüstung fürs Betonieren, waren unübersehbar. Doch dann erreichte das Eisen in seiner Form als Schmiedeeisen eine neue und völlig überlegene Qualität. Der Profilstahl in Mischung mit Gußteilen bot ein solches Maß an Reproduzierbarkeit, an Modularität, dazu die Möglichkeit der Zugbeanspruchung, daß Güsse in verlorener Form mit ihren Formproblemen im Bauwesen technisch als veraltet angesehen werden müssen. Der Betonguß konnte nur drei Eigenschaften ins Feld führen, die der Stahl nicht besaß: seine noch zu erhärtende Feuerbeständigkeit, geringe Herstellungsaufwendungen an beliebiger Stelle und logistische Vorteile. Die gewaltigen Raumschöpfungen des Eisenbaus, die Kuppel der Halle au blé in Paris (1807 – 1811) von François

Joseph Bélanger, Joseph Paxtons Kristallpalast, das Weltwunder des 19. Jahrhunderts (1850–1851) und all die großen Ausstellungshallen, wie die Halles des Machines in Paris (zusammen mit dem Eiffelturm für die Weltausstellung 1889 errichtet), die völlig neue Aufgabe der Bahnhofshalle als Tempel des neuen Verkehrsmittels Eisenbahn und ein phänominaler Aufschwung im Brückenbau führten zu einer neuen technischen Ästhetik, ohne daß die klassisch-akademische Architekturästhetik daran irgendeinen überzeugenden Anteil gehabt hätte. Die Apotheose des Eisenbaus, der Eiffelturm, ist bis heute, fast hundert Jahre später, das prägnante, wenn auch ästhetisch keineswegs beste Zeugnis des Eisenbaujahrhunderts. Von einer Konkurrenz zwischen Eisen und Beton kann bei einer solchen Übermacht überhaupt nicht die Rede sein. Und doch sah man schon damals, daß Zement an Bedeutung gewinnen würde. So schreibt A. G. Meyer, ein Autor, dem Walter Benjamin viel an Einsichten verdankte, über das Verhältnis Eisen und Zement im Jahre 1907:

„Von dem einfachen Gedanken, den im feuchten Zustand bildsamen, nach dem Brande festen Ton als Ziegel zu formen, ging eine neue Gattung der Baukunst aus. Der Ziegel ist ein künstlicher Baustein. Die regelmäßige Form, in die der Stein erst mühevoll durch Hammer und Meißel gebracht werden muß, erhält der Ziegel bei seiner Herstellung. Er ist unter allen Baustoffen der gefügigste, oder vielmehr: er war es bis etwa zur Mitte des neunzehnten Jahrhunderts.
Seitdem macht ihm eine andere künstliche Steinmasse diesen Rang streitig. Sie dringt nur langsam vor, in ihrer Kraft vorerst nur von den Fachkreisen erkannt; sie bleibt auch noch fast ganz jenseits der Grenzen, bei denen sich die künstlerische Bauform von der technischen scheidet. Allein es ist vielleicht nicht zu kühn, ihr schon jetzt eine Zukunft vorauszusagen, die in der Baukunst mit der Bedeutung des Backsteins verglichen werden kann.
Diese neue künstliche Steinmasse ist der Beton und Zement.
Sie wurde nicht so einfach gefunden, wie der Ziegel. Der Rohstoff selbst wurde von Wissenschaft und Technik, die bei ihrer rastlosen Arbeit die Schaffensart der Natur zu ergründen, selbst vor dem Stein nicht Halt machte, erst nach vielen Versuchen zielbewußt gemischt, und mehr und mehr vervollkommnet.
Ihr Vorgänger war der mortier de plâtre, der bei Eisenkonstruktionen schon früh als leichte feuersichere Füllmasse des Metallnetzes diente. Das waren also dünne Gußgewölbe und Gußdecken in Eisenarmierung.
Aber dieses Material hatte manche Nachteile, vor allem ist es nicht unveränderlich wie der Stein.

Doch auch darin ward dieser bis zu einem gewissen Grade erreicht, und diese für den Eisenbau besonders wichtige Errungenschaft wird wiederum der Sorge für die Pflanzen und einem Gärtner verdankt, dessen Name dadurch viel verbreiteter wurde als der Paxton's: dem Franzosen Monier. Er suchte für die Wasserröhren der Gewächshäuser eine dem Winterfrost widerstehende Masse. Der nach ihm benannte Monier-Zement wird in flüssigem Zustand verwendet, dann aber steinhart unangreifbar gegen Frost und Hitze. Und gerade zum Eisen gewinnt diese Masse ein ungewöhnliches Verhältnis. Einmal mit ihm verbunden, bleibt sie von ihm unzertrennlich. Der Monier-Zement läßt sich von seinem Eisennetz nur durch Zerstückeln trennen. Eisen- und Metallnetze geben ihm Halt, aber nicht wie die Knochen dem Fleisch. Er wird dem Eisen vielmehr an Härte verwandt und bringt ihm dabei außerordentliche konstruktive Vorteile. Zur Widerstandsfähigkeit des Zements gegen Druck gesellt sich die Widerstandsfähigkeit des Eisens gegen Zug, und der stärksten Eisenstütze bringt die Zementummantelung erst ihre volle konstruktive Zuverlässigkeit. Denn jene gilt nur fälschlich als feuersicher; in der Hitze eines Brandes biegt sie sich unter ihrer Last. Gegen diesen Angriff schützt sie der Zement, und so wird sein Mantel dem Eisen zu einem feuersicheren Panzer.

Beton und Zement haben keine bestimmte Form. Ihre Bedeutung für das Bauen besteht vielmehr darin, daß sie eine Form überhaupt nicht besitzen, wohl aber eine unbegrenzte Formfähigkeit.

Sie lassen sich in flüssigem Zustand gießen und erhärten dann. Die Festigkeit des Ziegels ist an bestimmte kleine Maße gebunden – die ihre ist unbeschränkt.

In ähnlicher Weise hatte einst die Baukunst der Römer die natürlichen Gemenge von Bruchsteinen, Erde und Mörtel zu ihren ungeheuren Gußgewölben verbunden. Aber diese bedurften zur Haltbarkeit gewaltiger Masse. Auch dieser können die Beton- und Zementgebilde, namentlich die Verbindung mit Eisen, entraten. So zäh halten sie zusammen, daß sie selbst bei sehr geringem Querschnitt ‚halten'. Solch verhärteter Guß ähnelt dem Metall. Aber er ist weniger kostbar als dieses, denn er verdankt seine Haltbarkeit und Tragfähigkeit geringwertigem, in unbegrenzter Fülle vorhandenem Rohstoffe; so recht ein Beispiel für die Wertsteigerung, die durch Wissenschaft und Technik im neunzehnten Jahrhundert möglich wurde. Und auch so recht ein Beispiel für die unbegrenzten Möglichkeiten, die sich auf diesem Wege gerade für das Bauen zeigen. Aus Beton kann man heute Stützen und Decken, tragfähige Flächen und Gewölbe, Brücken und Gebäude errichten.

Das ist ein unschätzbarer Vorteil, aber auch eine große Gefahr. – Der Backstein

enthielt gerade durch die Sprödigkeit seines Maßes und seiner Form sein stilisti-
sches Gesetz. Aus der Beschränkung erwuchs hier die stilistische Meisterschaft.
Beton und Zement fließen in gleiche Form, sie fügen sich jedem Formenwillen.
Um so stärker muß dieser sein, wenn er ihnen ,Stil' geben will. In diesem Sinn ist
gerade diesem neuen Baustoff in der ersten Periode überströmender Kraft die harte
Zucht zu wünschen, die sie in feste Bahn leitet. Diese aber bringt ihm das Eisen.
Das Eisengerüst wird oft ganz von der Zementmasse verdeckt, wie der Eisenträger
im Mauerwerk. Aber es kann auch als Gerüst *sichtbar bleiben, in freiem Linien-*
spiel des Fachwerks, dem der Beton dann die füllene Fläche gibt. Auch das führt
formal im Bau zu einer Fülle neuer Möglichkeiten – sowohl für die Gesamtgestalt
des Baukörpers und seiner Glieder, wie auch für deren Schmuck, der der Kernform
dann unmittelbar angegossen werden kann. Gegossener Stein im gewalzten Ei-
sen. Ist das nicht auch ein mächtiges Geschöpf aus dem neuen Bunde zwischen
Wissenschaft und Technik, im Wettstreit mit der Allmutter Natur?" (Alfred
Gotthold Meyer, Eisenbauten; Esslingen 1907)

Wir verfolgen die Wege der Baustoffe Eisen und Beton, die sich bald zu etwas
Neuem zusammentun sollten, weiter. Eisen war korrosionsanfällig, es ro-
stete, dazu vertrug es keine Brandbelastung, es verformte sich unter Hitze-
einwirkung, und die Gebäude stürzten ein. Beton vertrug Brandlast – dafür
gab es bald bedeutende Beispiele – und er korrodierte nicht. (Vergessen wir
für eine Weile, daß wir dies besser wissen.) Hätten die Betonanwender sich
damit begnügt, Stein zu ersetzen und druckbeanspruchte Konstruktionen
auszuführen, dann wäre zwar Erhebliches geleistet geworden, die Konkurrenz mit dem Stahl, die er heute, mindestens hierzulande – man möchte dies
unter ästhetischen Gesichtspunkten manchmal verfluchen –, gewonnen hat,
hätte er nie für sich entschieden.

Den Ausschlag gab schließlich die Verbundbauweise. Auch sie war keine neue
Erfindung, sondern eher eine gedankliche Adaptation. Verbundbauarten gibt
es vor allem in Primitivbauweisen, wo Lehmbewurf auf Geflechte oder Ge-
rüste aufgetragen wird. Grundsätzlich handelt es sich immer um das gleiche
Problem: Wie kann ein an sich nur Druckbelastung vertragendes Material
dazu gebracht werden, auch Zugkräfte aufzunehmen? Dies gelingt nur im
Verbund. So gab es schon in der römischen Bautechnik die metallische Ver-
klammerung von Quadern, und sehr früh, vor allem bei basilikalen Konstruktionen, schubaufnehmende Streckbalken aus Holz oder Schmiedeeisen. Auch

Bewehrung mittels Ketten wurde zum Beispiel von Christopher Wren (1632–1723), dem großartigen Architekten Londons, bei Betonanwendung im Kuppelbereich von St. Paul's Cathedral angewandt. Zu den raffiniertesten Konstruktionen gehörte aber die Armierung klassizistischer Architrave am Pantheon (1770) durch Soufflot. Sie besteht aus geschmiedetem Bandeisen. Hier wurde nicht nur Zugbeanspruchung aufgenommen, sondern Material buchstäblich angehängt. Derartige, vor allem im französischen Bauen dieser Zeit weitverbreitete Kunststücke galten als gefährlich, da Eisen korrodierte. Zum Glück war das damalige Schmiedeeisen noch kohlenstoffreich und damit beständiger als heutiger Stahl. Ohne solche ‚Korsettstangen' wären aber formale Vorstellungen nicht durchzusetzen gewesen. Rondelet, der Verfasser der wohl enzyklopädischsten Baukonstruktionslehre, die es je gab, hat dies alles genau dargestellt* und unter anderem auch eine uralte Bauweise, die Stampflehmbauweise in Schalung und den im Rhônetal ortsüblichen ‚Pisé-Bau' geschildert. Gerade diese Bauart wurde zum Vorbild für François Coignet (1814–1888), Bauunternehmer aus Lyon, einen der fruchtbarsten Köpfe der Betonverwendung. Sein ‚béton aggloméré', Stampfbeton mit bestimmter Wasserzugabe, gebrochenem Zuschlag und Wasserkalk als Bindemittel, wurde zum patentrechtlich geschützten Wandbaustoff. Nach zahlreichen Bauten errichtete er in St. Denis sein eigenes Haus in ‚béton aggloméré' mit der Besonderheit eines mittels Trägern und Quereisen verbundenen Flachdachs. 1862 erhielt er dafür Anerkennung vom Verein der französischen Betoningenieure. Die Eisenbewehrung für Platten war erfunden. 1855 hatte er sich in England, dem klassischen Betonland, ein erstes Bewehrungspatent für kreuzweise Bewehrung mittels verbundener Eisenstäbe geben lassen. 1861 veröffentlichte er sein Buch *Béton aggloméré appliqué à l'art de construire,* in dem er nachweist, daß er endgültige Einsichten in die Konstruktion zugarmierter Platten hatte und auch die Armierung von Betonfertigteilen, zum Beispiel Rohren, völlig beherrschte. Coignet ist also, dies kann man eindeutig festhalten, der Erfinder des Eisenbetons oder, wie wir nach 1920 sagen, des Stahlbetons. Er war auch der erste, der ganze Häuser goß, ein Vorgang, der zuvor und gleichzeitig, natürlich in modularen Teilen mit Gußeisen versucht worden war. Die Gußeisenbauten waren indes so unbrauchbar, daß man die Fertigung rasch wieder aufgab. Die monolithische Bauweise sollte aber andauern;

---

* Jean Baptiste Rondelet (1743–1829), Traité de l'Art de Bâtir, Paris 1802

sie feierte nach dem zweiten Weltkrieg in Form von Allbetonbauten unter Einsatz von Gleitschalungen und anderen technischen Hilfsmitteln heute negativ bewertete Triumphe.

Coignets technische Erfolge waren, im Gegensatz zu den wirtschaftlichen – er mußte seinen Betrieb auch in Folge des Deutsch-Französischen Krieges von 1870/1871 liquidieren – so groß, daß der französische Architekturpapst Viollet-le-Duc* von ihm sagte, er habe den béton agglomeré zu einer solchen Reife gebracht, daß es möglich geworden sei, ihn an die Stelle von Ziegel, Naturstein, Eisen und Holz zu setzen. Im nachhinein war also Viollet-le-Duc Propagandist dessen, was heute wütende Antipathie erregt.

Gemessen an Coignet, ist der englische Vorläufer William B. Wilkinson (1819–1902), ein Gipsermeister, weniger bedeutsam. Ihm war natürlich die längst geübte Rabitzkonstruktion mit Holz-, aber auch mit Drahtbewehrung bekannt. Er wandte sie nun für Portlandzementbauteile an, um erhöhte Brandsicherheit zu erreichen. Wichtig ist sein Patent, Decken, also möglichst biegesteife Platten, mit Drahtseilen, die in einer Art Kettenlinie in der Zugzone verlaufen, zu bewehren. Durch Untergliederung in Kassetten, die Konstruktionshöhe erreichten und Gewichtsersparnis brachten, kam er zu einer Konstruktion, die an unterspannte Holzbalken erinnert, mit dem Unterschied allerdings, daß die Unterspannung gesichert in einem Betonsteg verlief. Das System funktionierte ausgezeichnet, war aber sicher montageaufwendig.

Mit Joseph Louis Lambot (1814–1887), Gutsbesitzer in der Provence, machte ein weiterer Franzose Betongeschichte. Er hatte eine Art geflochtener Netzbewehrung verwandt, um Holzgegenstände durch Betonwaren ersetzen zu können. Bereits 1840, also vor Coignet oder gar Monier – dessen Leistung noch gewürdigt wird –, hatte er seinen ‚ferciment‘ entdeckt und daraus Kübel, Ruderboote und andere Gebrauchsgegenstände gegossen.

Betonschiffe gab es danach in Menge. Zuletzt vor zwei Jahrzehnten in China, ab 1860 in Italien, während des Ersten und Zweiten Weltkriegs baute man, um Stahl zu sparen sowie Fertigungskapazitäten zu entlasten, Stahlbetonlastkähne und -schiffe. Auch der berühmte deutsche Ingenieur Ulrich Finsterwalder hat im Zweiten Weltkrieg Betonschiffe in Zeiss-Dywidag-Schalenbau-

---

* Eugène-Emmanuel Viollet-le-Duc, 1814–1879, restaurierte zahlreiche gotische Gebäude in Frankreich, entwickelte neue Theorien über die gotische Baukunst („Dictionnaire raisonné de l'architecture française" 1854–1868). In den „Entretiens sur l'architecture" (2 Bde. 1863 und 1872) setzt er sich für die Ingenieur-Baukunst seiner Zeit ein.

weise bis zu einer Tragfähigkeit von 3600 Tonnen gebaut. Derlei ist heute nur noch anekdotisch interessant; die Entwicklung zeigt aber etwas Wichtiges, den Ersatzcharakter des Eisenbetons, der vor allem in stahlarmen Ländern wie Italien und der Schweiz zu hervorragenden, ja, genialen Ingenieurleistungen führen sollte.

Nachdem jetzt schon so viel von Eisenbeton die Rede war, muß endlich Joseph Monier (1823–1906), der Gärtner, erwähnt werden, der nach landläufiger Auffassung die Eisenbewehrung erfunden hat. Man kann dies sogar in Fachpublikationen lesen, obwohl diese Zuschreibung falsch ist. Tatsächlich hat der in einem Dorf in der Nähe von Nîmes 1823 Geborene ab 1848 ein Gärtnereigeschäft in Paris betrieben und damals versucht, Blumenkübel aus Zementmörtel mit einliegendem Drahtgeflecht zu fertigen. Seine Konstruktion gleicht der des altbekannten Rabitzens aufs Haar, mit dem Unterschied jedoch, daß für Rabitz meist Gips verwandt wurde. Monier stellte auch weiteres Gartenmobiliar her, in Konkurrenz zum Gußeisen. So fertigte er Gartenbänke aus Beton, die durch eingelegte Drähte verstärkt waren und wie knorriges Astwerk aussahen. Derartiges setzte er gleichzeitig mit Lambots Betonbooten ins Werk. Lambot besaß sogar vor Monier im Jahr 1855 ein französisches Patent für solche Konstruktionen. Erst 1867 meldete Monier sein grundlegendes Patent an, durch welches er sich seine mit Gitterwerk – sagen wir Maschendraht – armierten Betonkübel schützen ließ. 1869 ließ er auch die Herstellung ebener Platten schützen, hatte aber keine Ahnung davon, daß die Bewehrung im vom Ort der Belastung am weitesten entfernten Teil der Platte, in der Zugzone, liegen müsse. 1873 erhielt er ein Zusatzpatent für den Bau von Brücken, Stegen und Gewölben, 1875 baute er im Park eines Adligen seine erste Brücke mit einer Spannweite von 16,5 Metern und vier Metern Breite. Die gewölbte Brückenplatte war voll von sogenannten ‚Angsteisen‘, also so stark armiert, daß irgendeine Zufallstatik deren Haltbarkeit bewirkte.

1878, nachdem er sein Grundpatent, wohl aus Geldmangel, hatte verfallen lassen, meldete er ein Zusatzpatent an, das nun auch im Ausland verbreitet und geschützt wurde. So begann die Legende von Monier, dem Erfinder des Eisenbetons, obwohl sich an Hand der Patente nachweisen läßt, daß Monier zu keiner Zeit verstanden hatte, was seine ‚Moniereisen‘ im Beton bewirkten. Er dachte nur an Verstärkung und Bruchfestigkeit. Wütend stritt er sich mit den Anwendern seiner Patente darüber, daß die Bewehrung inmitten der Konstruktion – also statt in der Zugzone, in der Nullzone zwischen Druck

P. L. Nervi, Motorschiff aus vorgefertigten Stahlbetonteilen, 1940–1943

und Zug – zu liegen hätte. Seine eigentlich bedeutsame Feststellung, sie kam aus der Erfahrung, war, daß Eisen durch dichten Beton gegen Rost geschützt werden könne, eine kühne Neuigkeit, da es starke Kräfte auf der ‚Stampfbetonseite' gab, die dem Eisenbeton nicht wohlwollten; verständlich, wenn man überlegt, was allein wirtschaftlich auf dem Spiel stand.

Nachdem er im damals sehr reichen und modernen Belgien erfolgreiche Anwender gefunden hatte, traf Monier in Deutschland in der Person von Gustav Adolf Wayss auf einen Schwaben, einen tatkräftigen Mitstreiter. Als nächster Patentnehmer trat Conrad Freytag auf, der von Monier, von diesem wohl getäuscht, ein Patent für betonierte Eisenbahnschwellen erwarb, das aber vom Reichspatentamt für nichtig erklärt wurde.

Schließlich kam es nach einer Absprache zwischen Wayss und Freytag zu einer regionalen Abgrenzung, und Freytag konnte ebenfalls nach allen Monierpatenten bauen.

Vor allem durch die theoretischen Arbeiten des bedeutenden Ingenieurs Mathias Koenen gelang der Durchbruch des nun von Fachleuten vielerorts gepflegten Moniergedankens. Auf dieser Basis entstand eine große Anzahl bedeutender Baufirmen. Diese ließen das klassische Bauhandwerk hinter sich; nun bestimmte die Bauindustrie die Geschicke in Zukunft. Damit war wieder ein großes Stück auf dem Weg zurückgelegt, der letztlich zur Betonfeindlichkeit führen sollte. Besonders die Großfirmen – die Baugesellschaft Wayss & Freytag, nunmehr vereinigt, sowie Dyckerhoff & Widmann, um nur zwei zu nennen – brachten die Betontechnik unglaublich voran. Unter dem Druck der Konkurrenz entstanden ständig neue Bestleistungen. Die gesamte Entwicklung ging rasch in eine in unserem Zusammenhang nicht mehr darstellbare Breite.

Die wesentlichsten rechnerischen Theorien für die neue Technik lieferten die Ingenieure Koenen und Mörsch. Mathias Koenen (1849 – 1924) hatte für die Firma Wayss die Bauarbeiten vor allem an den Betondecken des Wallotschen Reichstags in Berlin geleitet, und Regierungsbaumeister Emil Mörsch (1872 – 1950) war eines der Vorstandmitglieder der aus dem Zusammenschluß entstandenen Großbauunternehmung Wayss & Freytag. Beider wesentliche Beiträge liegen zwischen 1902 und 1907.

In Frankreich arbeitete Coignets Sohn Edmond (1856 – 1915), ein hervorragender Bauingenieur, und Eugène Freyssinet (1879 – 1962) erforschte 1911 das Kriechen des vorgespannten Betons. Im gleichen Jahr erfand Robert Maillart (1872 – 1940) die Stützenverbindung der ebenen Platte, die sogenannte Pilzdeckenkonstruktion. Bis 1924 lieferte Freyssinet zahlreiche bahnbrechende Patente für Spannbeton und moderne Verarbeitung, ohne die die neueren Entwicklungen vor allem im Betonbrückenbau undenkbar wären.

1922 und 1924 erlangten Walter Bauersfeld zusammen mit der Firma Carl Zeiss in Jena sowie die beiden Chefingenieure Franz Dischinger und Ulrich Finsterwalder Patente für den Betonkuppelbau und für pfettenlose Stahlbetontonnendächer.*

---

* Walter Bauersfeld (1879 – 1959), Erfinder vieler optischer Instrumente und Verfahren, Patente für die Zeiss-Dywidag-Schalenbauweise; Franz Dischinger (1887 – 1953), Chefstatiker der Firma Dywidag; Ulrich Finsterwalder, geb. 1897, Chefstatiker der Firma Dywidag, später Vorstandsmitglied

Dyckerhoff & Widmann, Kuppel System Zeiss, Glaswerk Schott, Jena, 1923–1924

Die Firma Wayss & Freytag, der Zusammenschluß der ältesten Monier-Patentnehmer in Deutschland, arbeitete seit 1935 nach Freyssinetschen Lizenzen mit Spannbeton.

Unschwer wird deutlich, daß das Material während der ganzen Zeit seiner Entwicklung fast ausschließlich für Ingenieurbauten bestimmt war. Seine gestalthafte Ausprägung folgte, ähnlich der des Eisens und des Stahls, konstruktiver Logik. Wenn man dies verdeutlicht, so hört man leicht den Einwand, dies führe zu inhumanen Ergebnissen – gerade so, als ob das, was noch zu Zeiten Leonardos als Höchstes gegolten hatte, die Ingenieurintelligenz, nicht zu den wesentlichsten Erfüllungen des menschlichen Traums, gegen die Schwerkraft und das Dunkel anzugehen, gehörten.

Die bürgerlich-romantische Reaktion gegen die Aufklärung hatte, gemäß beschränkter eigener Horizonte und Teilhabe am technisch-wirtschaftlichen Fortschritt, diesen Antagonismus in die Welt gesetzt, der heute noch – oder besser, gerade wieder erneut – durch die Köpfe spukt. Dabei hat der Ingenieurbau für die Menschheit Bauwerke von zuvor nie erreichter, Naturgesetze frei interpretierender Schönheit hervorgebracht. Es war oder wäre noch immer nötig, die Syntax solcher Schönheit zu lernen. Unvoreingenommene Zeitgenossen, nicht ins bildungsdünkelhaft Abseitige Gedrängte, erkannten dies sofort, so zum Beispiel an Paxtons Kristallpalast, aber auch in den Passagen und Bahnhofshallen der Zeit.

Für viele, später sogar – darüber wird zu berichten sein – für Generationen von Architekten, wurde die Ingenieurbau-Ästhetik mit ihrer erweiterten Sicht auf die conditio humana zur verbindlichen Brücke in eine als neu empfundene gesellschaftliche Konstellation.

Ausformungen

Wie gelangte nun das Ergebnis unserer umfänglichen Betrachtung Beton und Stahlbeton zur Gestalt?

Eine kurze Betrachtung von Leistungen der bedeutendsten, mit Beton arbeitenden Ingenieure – sie sind auf dieser Ebene die unbestrittenen, oft genialen Spielführer – wird die Darstellung zum Abschluß bringen. Dabei wird deutlich werden, daß die großen Ingenieure, im Gegensatz zur empfindend messenden Gestaltung der Architekten, immer Erfinder und rational rechnende Gestalter sind und damit eher dem eigentlichen Baumeisterideal der Renaissance entsprechen.

Was also hat sich von all den betontypischen Entwicklungen gestalthaft oder zumindest gestaltfördernd ausgewirkt? Diese Frage läßt sich – das zeigt ein Blick auf die Entwicklung des Eisenbaus im 19. Jahrhundert, der eine ganz neue Gestaltungssyntax brachte – gar nicht so einfach beantworten. Grundlegend interessant erscheint, daß schon die Bauidee des auf hellenistisch-römischer Grundlage basierenden rationalen, aufklärerischen Klassizismus vom Geist der Repetition – dies zeigt sich in der Reihung gleicher Bauglieder – durchdrungen war. Genau diese Ideen wurden sowohl im Stahlbau als auch in der neuen Verbundbauweise des Eisenbeton weiterentwickelt.

Wo liegt der Unterschied? Es scheint, als habe, abgesehen von François Coignet und seiner Umsetzung der Pisé-Bauweise sowie der in der Zugzone bewehrten Dachplatte, vor allem François Hennebique (1842–1921), Steinmetz, Zimmerermeister und Bauunternehmer, mit der Erfindung des monolithischen Verbundsystems von Stütze, Balken und Platte den grundsätzlichen, entscheidenden Beitrag geleistet. Zwar wäre das Erscheinungsbild seiner Konstruktionen auch in Eisen oder Stahl herzustellen gewesen – Stahlskelettbauten waren ja häufig –, der entscheidende Unterschied liegt indes in der mit den Verbundbaustoffen zu erreichenden Homogenität. Man darf natürlich auch die Leistung des Amerikaners Thaddeus Hyatt (1816–1901), Rechtsanwalt und Erfinder, die korrekte Zugbewehrung, nicht vergessen. Hennebiques Zuckerfabrik in Lille, seine Spinnerei in der gleichen Stadt und das Mehllager in Nantes, alle 1892 erbaut, weisen die konsequente Durchbildung des monolithischen Konstruktionsapparats nach. Auch die über ein halbes Jahrhundert später zum Tragen kommende Raumzellenbauweise hatte er in seinem monolithischen, transportablen Signalwärterhäuschen aus allseits fünf Zentimeter Eisenbeton vorweggenommen. In seinem außerordentlich eklektizistischen Pariser Haus in der Rue Danton 1 verwirklichte er genau das, was Le Corbusier rund zwei Jahrzehnte später als den ‚plan libre‘, als freie, wandunabhängige Grundrißkonzeption bezeichnete. Damit war neben dem monolithischen Stützenrasterbau eine zweite Komponente des Betonbauens geschaffen.

Man kann sich im Grunde völlig den klugen Äußerungen Sigfried Giedions anschließen, der 1928 in seinem klassisch gewordenen Buch *Bauen in Frankreich, Bauen in Eisen, Bauen in Eisenbeton* zum Thema schrieb:
„Es ist nutzlos, über neue Architektur in Frankreich zu reden, ohne ihre Grundlage zu berühren: Eisenbeton. Er wird nicht als kompaktes Material aus der Natur gebrochen. Sein Sinn ist: künstliche Zusammensetzung. Seine Herkunft: das Laboratorium. Aus dünnen Eisenstäben, Zement, Sand, Abfallsteinen, aus einem ‚Verbundkörper‘ können ungeheuere Gebäudekomplexe sich plötzlich zu einem einzigen Stein auskristallisieren, Monolithe werden, die dem Angriff des Feuers und einem Höchstmaß an Belastung widerstehen können wie kein natürliches Material zuvor. Dies wird erreicht, indem das Laboratorium die Eigenschaften der zum Teil fast wertlosen Materialien erkennend ausnützt und durch ihre kollektive Verbindung zu einem Vielfachen der eigenen Leistungsfähigkeit steigert. Man weiß: ein belasteter Balken – sei es ein Brücken- oder ein Deckenträger – ist in seinem oberen Teil hauptsächlich auf Druck beansprucht, in seinem unteren Teil hauptsächlich auf Zug. Also bettet man das Eisen, das das Vermögen hat, vorzüglich zugwiderstandsfähig zu sein, mehr an die Unterseite, während dem Beton mit seinem großen Druckwiderstand als kompakte Masse im oberen Teil die eigentliche Herrschaft zukommt.
Monnier wußte das – 1867 – nicht. Bei seinen bewehrten Betonkübeln hatte das Eisen die Funktion, Form zu geben und der Beton die Funktion, Füllung zu sein. Schrittweise dachte Monnier sein System weiter aus – beharrlicher als seine Vor- und Mitgänger Lambot 1854, Coignet 1861, Hyatt 1877 – nahm nacheinander Patente auf Röhren, ebene Platten, Brücken, Treppen (1875). Trotz instinktmäßig richtiger Anordnung ist die Funktion des Eisens und Betons bei ihm auch am Ende noch nicht erkannt. Dies fiel 1880 deutschen Ingenieuren zu. – Aber der entscheidende Schritt, der überhaupt erst gestattete, aus einem Hilfsmittel, einem

Konstruktionsdetail ein neues architektonisches Gestaltungsmittel werden zu lassen, gelang Fr. Hennebique. "

Zeitlich etwa parallel zu Hennebiques Bauten errichtete in den USA Ernest Leslie Ransome, dessen Vater in England wichtige technische Neuerungen für das Zementklinkerbrennen erfunden hatte, ebenfalls Skelettbetonbauten. Er erfand das gedrillte Bewehrungseisen und entwickelte das erste Taktverfahren, also die eigentlich bauindustrielle Herstellungsweise, am Bau der „klassisches" Betonskelett zeigenden United Shoe Machinery Company (1903). 1902 hatte er sich ein Skelettsystem für Geschäftsbauten patentieren lassen, das als reine Rahmenkonstruktion später im amerikanischen Hochbau zum Allgemeingut wurde.

Die nächste entscheidende, betontypische, formprägende Innovation sollte die sogenannte „Pilzdecke" werden. Der später als genialer Brückenbauingenieur weltberühmt gewordene Schweizer Robert Maillart (1872 – 1940) erhielt 1908 ein Patent für eine den Übergang zwischen Platten und Stützen schaffende Plattenverstärkung, die als sogenannter „Pilzkopf" in runder oder eckiger Form auszuführen war. Damit verschwanden die Unterzüge, bzw. die sich im Stützenbereich kreuzenden Balken unter der Platte. So entstand eine Konstruktion, die weder im Stahlbau noch im alten Holzbau möglich war. Maillarts System der Lastabtragung, das sogenannte Ungerichtete Zweibahnsystem erlaubte einen kontinuierlichen Verlauf des Übergangs zwischen Stütze und Deckenplatte.

Ein Jahr später erhielt der Amerikaner Henry C. Turner ein Patent für das sogenannte Gerichtete Vierbahnsystem, das eine weitere Kopfplatte sowie zusätzlich Diagonal- und Ringbewehrung aufwies. Beide Konstruktionen veränderten den Betonbau und gaben ihm eine nie zuvor erreichte visuelle Unverwechselbarkeit. Maillart allerdings erzielte die höhere Prägnanz und bessere ästhetische Wirkung.

Zu den größten gestaltenden Erfindern des neuen Ingenieurbaumaterials gehört aus der Sicht des Hochbaus sicherlich Eugène Freyssinet (1879 – 1962). Abgesehen von den großartigen Erfindungen, wie Spannbeton, entwickelte er nach dem Vorbild des in einer Richtung sehr steifen Wellblechs das Eisenbetonfaltwerk als raumabschließendes Bauelement und errichtete, unter wirtschaftlichem Druck – seine Firma hatte zu günstig angeboten –, die später als hoch ästhetisch empfundenen, völlig neue Perspektiven eröffnenden Luftschiffhallen in Paris-Orly (1923, zerstört durch Luftangriff 1943). Diese oft

mit Kathedralen verglichenen Bauwerke hatten bei 56 Metern Scheitelhöhe eine Spannweite von 80 Metern und eine Länge von 300 Metern. Die Wellen hatten eine Amplitude von 7,5 Metern am Boden, eine Höhe im Kämpferbereich von 5,4 Metern, im Scheitel von 3 Metern. Die Betondicke betrug etwa 9 cm.

Nach Freyssinet haben vor allem der Spanier Eduardo Torroja (1899–1961)[*] und die Deutschen Bauersfeind, Dischinger und Finsterwalder mit ihren Schalen- und Kuppelentwicklungen eine völlig neue Baugestalt ermöglicht. Sie erreichten einen Grad rational bestimmter Entmaterialisierung, der dem Stahl höchstens in einem Frühwerk, dem Paxtonschen Kristallpalast, gelungen war. Torroja, auch in formaler Hinsicht mit Nervi einer der Großen der Baukunst dieses Jahrhunderts, schreibt in seinem Buch *Logik der Form*:

---

[*] Bauingenieur, Gründer des ‚Instituto Técnico de la Construcción y del Cemento' in Madrid

„Der Stahlbeton stellt ein ganz neues Material mit Eigenschaften dar, die von denen des Betons und des Stahles allein vollständig verschieden sind, obwohl oder gerade weil diese Stoffe als Bauteile des Stahlbetons ganz neue Eigenschaften erhalten. Treffend ist einmal gesagt worden, daß im Stahlbeton der Stahl dem Steine seine Faser verleiht und der Beton dem Stahl seine Masse. Der Stahlbeton ist ein organisch zusammengesetzter Stein, in dessen Innerem sich der sehnenartige Komplex der Bewehrung in der zweckmäßigsten Lage befindet und der so bemessen ist, daß er dem Beton die in jedem Punkte notwendige Zugfestigkeit verleiht, die darüber hinaus den Anforderungen des vorgesehenen Spannungsnetzes gemäß gerichtet und verstärkt wird. Der Stahlbeton stellt aus diesem Grunde den technisch zweckmäßigsten aller Baustoffe dar. Er ist der einzige Werkstoff, dessen tragwerkmäßiges Verhalten nicht allein durch die in seinem äußeren Bilde in Erscheinung tretenden Werte beurteilt werden kann; denn die festigkeitsverleihende Seele, die Bewehrung, verbirgt sich in seinem Inneren. Wir

können sie uns nur als etwas vorstellen, das dem klassischen Baustoff ‚Stein‘ eine
in den Schöpfungen der anorganischen Natur nicht vorhandene Kraft und Zähig-
keit verleiht. "

Auch Pier Luigi Nervi (1891 – 1979) hat als genialer Konstrukteur, Architekt und Unternehmer die Baugestalt durch Beton verändert. Typisch für seine Konstruktionen ist die Auflösung der Tragwerke in eine Vielzahl in Form und Lage dem Kräfteverlauf folgende und diesen verdeutlichende Einzelglieder. Dabei entwickelte er vorfabrizierte Bauelemente von großer Feinheit und Schlankheit, die mittels Ferrocementformen – er hatte dafür ein eigenes Schalungssystem erfunden – in enormer Gußpräzision hergestellt wurden. Beim Bau seiner großen Hallen hat Nervi zwar, anders als Freyssinet oder die deutschen Schaleningenieure, keine revolutionären statischen Systeme erfunden, dafür erreichte er aber eine Eleganz und Transparenz, wie sie zuvor nur im Stahlbau möglich schien. In der plastisch-ästhetischen Wirkung seiner Konstruktionen hat er alles übertroffen, was die Baukunst seit der Hochgotik zustande gebracht hat. Nach all den großen Konstrukteuren und Ingenieuren stellt Nervi einen Übergang zur Architektur her.

Gerade die großen Grenzgänger zwischen Ingenieurbau und Architektur haben durch ihre Arbeiten viel bewegt. Wie aber hat die ‚eigentliche‘ Architektur betontypische Konstruktionen in ihr Gestaltungsvokabular übernommen?
Das bürgerliche Kulturverständnis, das in Deutschland zudem (bloße) Zivilisation von (eigentlicher) Kultur scheidet, hat ja auch das Bauen mit merkwürdigen Kategorien belegt. So gelangte die Architektur, das meinte ich oben mit ‚eigentlicher‘ Architektur, gegenüber dem Ingenieurbau ins feiertäglich Hervorgehobene des Überzweckhaften, was von vorneherein einen gewissen Konflikt mit Baustoffen hervorrief, deren konsequente Anwendung zunächst im Ingenieurbau erprobt wurde.
Die Übernahme solcher Stoffe – Eisen, Stahl, Glas, Beton – in die Architektur erschien nicht wenigen als Zeichen des Verlusts an Humanität, eines Verlusts, den man der letzten Moderne, ohne nach dem Warum zu fragen, allgemein zuschreibt.

Beton und Architektur

Allgemein besteht die Meinung, Beton sei für die Architekturmoderne, für den Internationalen Stil usw. gestaltbildend. Ist dem so? Ist die gestalthafte Ausprägung der Architektur nach 1900 tatsächlich betongeprägt? Die Beantwortung dieser Frage bereitet große Schwierigkeiten; die Komplexität und die Undurchschaubarkeit des Tektonischen seit Beginn wissenschaftlicher Baubewältigung lassen keine einfache Antwort zu. Doch zunächst ein Beispiel. Verglichen seien ein Mauerwerksbau mit gewölbten, gemauerten Decken und ein Holzfachwerksbau. Beide zeigen gestalttypische, nicht auswechselbare Merkmale. Der Mauerwerksbau wirkt massig, das Verhältnis von Wand zu Öffnung zeigt ein deutliches Übergewicht der Wand. Die Lastabtragung geschieht vertrauenerweckend undifferenziert; dieses Problem zeigt sich als gar nicht abgebildet. Demgegenüber wirkt das Fachwerk gerüsthaft, leicht und, bis man das System begriffen hat, verwirrend. Da das Gerüst fast beliebig ausgefacht sein kann – einst dienten dazu Geflecht und Lehm, Ziegelsteine oder, man denke an die reich verglasten holländischen Fachwerksbauten, Glas –, ist Öffnung eindeutig oder auch potentiell als Füllung vorherrschend. Im Fachwerk ist die Ableitung von Kräften differenziert ablesbar. Schwellen und Rähme, die horizontalen Balken also, wirken als Lastverteiler; die Stützen tragen Last senkrecht ab, und die Streben hindern das System aus Horizontalen und Vertikalen daran, aus der vorgesehenen Position auszuweichen, indem sie unverschiebliche Dreiecksverbände bilden. Beide Bauweisen, Mauerwerk und Fachwerk, konstituieren also typische Gestalt; sie sind untereinander nicht ohne weiteres austauschbar, also unverwechselbar. Das undifferenziertere System, der Mauerwerksbau, ist in keiner Weise in der Lage, fachwerkspezifisch zu erscheinen, während der differenziertere Fachwerksbau zur Not, durch Verstecken seiner spezifischen Eigenschaften, unter Verfälschung seiner konstruktiven Eigentümlichkeit, im Erscheinungsbild zu ‚Mauerwerksbau‘ gemacht werden kann. Vorsichtigerweise sei bemerkt, daß auf die derzeitig übliche üble Mimikry, Mauerwerksbauten durch das Vorsetzen von Fachwerk simulierenden Brettern zu verzieren, hier bewußt nicht eingegangen wird.

Der Grad der ‚Arbeitsteiligkeit' innerhalb eines konstruktiven Systems ist ein wichtiges, nicht aber entscheidendes Moment bei dieser Betrachtung. Er kann zuweilen gestaltbestimmend wirken, wie bei den Fachwerken. Dies ist aber nicht zwingend notwendig.

Wie steht es nun mit der ‚Arbeitsteilung' bei Betonbauten? Wir haben gesehen, daß die Betonkonstruktion, als sie zur Druck und Zug aufnehmenden Verbundbetonkonstruktion des Eisenbetons wurde, dem Leitmaterial des 19. Jahrhunderts, dem Guß- und Schmiedeeisen, Konkurrenz zu machen begann. Dabei war das Eisen, was die Gestaltausprägung betrifft, dem Beton stets weit voraus.

Weder die Kuppel der Halle au blé noch der Kristallpalast oder die Brücke über den Firth of Forth wären in Beton gestaltbar. In allen Fällen handelt es sich um stahltypische Konstruktionen. Andererseits zeigt sich die Breslauer Jahrhunderthalle von 1912, obwohl sie zu den großen Frühwerken der Betonarchitektur zählt, als nicht eindeutig stahlbetontypisch. Als Beweis hierfür mag der Hinweis dienen, daß sie zunächst als Stahlkonstruktion geplant war. Sieht man aber einmal von solchen großen Beispielen ab, so zog im normalen Hochbau der Beton gleich, ja, er brachte wirtschaftliche, brand- und korrossionstechnische Vorteile, und die monolithische Konstruktion mit ihren komplexen Anschlüssen und Knoten überzeugte. Daß aber Beton zu dieser Zeit, im Gegensatz zum Stahl und über dessen Möglichkeiten hinaus, gestaltbildend geworden sei, läßt sich nicht sagen. Die frühen Beispiele des Betonbauens, vor allem im Industriebau, können nur ihrer Textur zufolge, nicht aber von ihrer Gestalt her als solche definiert werden. Erscheinen sie skelettartig, sind zum Beispiel Rahmen übereinandergestellt, so könnte ohne weiteres ein Eisenskelett die Lastabtragung übernehmen, zumal ja auch Eisen aus Brandschutzgründen umhüllt wurde und deswegen die profiltypische Schlankheit der Systeme verloren ging. Erst der Blick auf meist verborgene betontypische Details, die die Plastizität des Betons nutzten, Vouten etwa im Anschlußbereich zwischen Stütze und Unterzug, Pilzdeckenkonstruktionen oder andere Querschnittsänderungen, die der Beton seinen monolithen Möglichkeiten zufolge leicht verkraftet, geben genau Auskunft.

1928 veröffentlichten Julius Vischer und Ludwig Hilberseimer das Buch *Beton als Gestalter*. Schon im Titel deutet sich an, daß das Material hier nicht mehr als Objekt, sondern geradezu als Subjekt, gleichsam als Herr der Gestalthaftigkeit, gedeutet wurde. Die Auswahl der Beispiele, aber auch die

Kühlturm der ungarischen Eisenwerke in Diosgyör, 1925; unten: Innenansicht

Ludwig Bauer, Ufa-Palast, Stuttgart, Untersicht des Amphitheaters, 1927

R. Maillart, Akkumulatorenraum der Elektrizitätszentrale Barcelona, 1911

Emphase des Vortrags machen den kämpferischen Gestus dieses Werks deutlich. Andererseits zeigt aber gerade dieses Buch, daß Stahlbeton, von ganz bestimmten, nur in Stahlbeton möglichen Ausformungen abgesehen, gestalthaft kaum zwingend war. Trotz der großen Zahl hervorragender, in Beton ausgeführter und vielfach publizierter Bauten – vornehmlich sind es Ingenieurbauten industrieller und gewerblicher Nutzung – zeigt sich, daß meist erst das Detail oder gar die Textur Aufschluß darüber geben, daß es sich um einen Bau in der neuen Stahlbetonweise handelt.

Gestaltkonstituierend ist Stahlbeton also selten, außer bei Schalen, Faltwerken oder hochplastischen und in ihrer Plastizität den Gesetzen der Schwerkraft scheinbar spottenden Ausprägungen. Gerade diese Plastizität gelingt dem Stahlbeton aufgrund seiner fehlenden Formprägnanz, seiner Gießbarkeit und dem Ausgleich von Druck und Zug innerhalb des komposkiten, durch Zugeinlagen verstärkten Grundmaterials. Die sich derart eröffnenden Möglichkeiten des Mißbrauchs könnten dem Beton den Ruf verschafft haben, ‚keinen Charakter‘ zu haben, was aber als Anthropomorphismus letztlich nur Auskunft über die Charakterlosigkeit der Anwender gäbe.

Die These, Beton sei nur in beschränktem Umfang für die Architektur nach 1900 gestaltprägend geworden, die ‚Kiste‘ sei gar nicht betontypisch, sondern nur Ausdruck technologieermöglichter, stupider Gewinnmaximierung ohne Rücksicht auf Mensch, Umwelt und Architektur, ein Komplott von Politik, Geld und Design, gilt es nun zu erhärten.

Dies läßt sich am besten an typischen Beispielen für das Vorhandensein oder das Fehlen unverwechselbarer, betonabhängiger Gestalt im Werk großer Architektenpersönlichkeiten darlegen. Dabei ist weder daran gedacht, einen Überblick über die Architekturgeschichte unter dem Gesichtspunkt der Betonverwendung zu schreiben noch Vollständigkeit zu erreichen.

Sucht man in solche Überlegungen einige Ordnung zu bringen, so erscheint es zweckmäßig, mit dem architektonischen Werk von Auguste Perret (1874–1954) zu beginnen. Perret setzte in vieler Beziehung die Arbeit von François Hennebique fort, ließ sie aber, in bezug auf architektonische Qualität weit hinter sich. Er schuf aus einer eigenartigen Mischung von neoklassischer Tradition und betontechnischer Innovation, unter Verwendung Hennebiquescher Syntax, seine ganz eigenartige Architektursprache. Sein erstes und auf Anhieb bedeutendes Bauwerk, das Wohnhaus in der Rue

Auguste Perret, Wohnhaus Rue Franklin Nr. 25, Paris, 1902–1903

Auguste Perret, Notre Dame du Raincy, Paris, 1922–1923

Franklin Nr. 25 in Paris (1902 – 1903) zeigt in der Fassade eine betonte, rhythmisierte Skelettstruktur, eine symmetrische Anordnung von Rahmen und Füllungen, dazu eine starke Plastizität der Gesamterscheinung. Den Grundriß konzipiert er, hier ganz Hennebique folgend, als frei gliederbare Fläche, in Vorwegnahme der Ideen Le Corbusiers, der seine Idee vom ‚plan libre' erst 1914 im Dom-ino-System vorführte. Die Schlankheit der Vertikalgliederung ließe fast an Stahlverwendung denken, wären nicht die Rahmen zu prägnant. Eine verkleidete Stahlkonstruktion hätte wohl auch insgesamt weniger plastische Wirkung im Detail zur Folge.

Besonders betonspezifisch erscheint Perrets Kirche Nôtre Dame du Raincy in Paris (1922 – 1923). Die nur sich selbst tragende und aussteifende Außenhaut besteht aus verglasten dekorativen Betonfertigelementen, während die Last der Tonnengewölbe – das Hauptschiff ist längsüberwölbt, die Seitenschiffe haben aussteifende Quertonnen – über außerordentlich schlanke Betonstützen, die, im Detail ganz betontypisch, an die monolithische Gewölbeplatte angeschlossen sind, abgetragen wird. Dieser sakrale Raum, der nur drei Jahre später ein kongeniales Pendant in Karl Mosers (1872 – 1940) Stahlbetonkirche St. Antonius in Basel-Riehen (1926 – 1927) finden sollte, erinnert in seiner eigenartigen Ausformung des für Beton charakteristischen Formenapparats stimmungsmäßig an deutsche Hallenkirchengotik.

In Perrets späterem Werk wird Beton ganz in den Dienst neoklassischer Architektur gestellt. Seine Anwendung erscheint nur noch in der Textur als gewünschte Verfremdung. Eine zwingende Notwendigkeit, Beton zu einer solchen, eher traditionalistischen Gestaltung zu verwenden, besteht grundsätzlich nicht. Besonders der Wiederaufbau Le Havres ab 1945 zeigt wenig Betontypisches. Dies wird vor allem dann deutlich, wenn man feststellt, daß gleichzeitig der Perretsche Formenapparat der Wandgliederungen zu einem Stil wurde, dessen öde Kassettierungen gereiht auch in französischen Putzbauten vorkamen.

Perret – er wird zu den großen Betonarchitekten gerechnet, da er dieses Material dauernd anwandte – hat also bei Lichte besehen nur wenige Bauten konzipiert, die gestalthaft eindeutig betontypisch sind.

Frank Lloyd Wright (1867 – 1959), der große Schüler von Louis Sullivan und Dankmar Adler, war sicherlich eine der fruchtbarsten und bedeutendsten Architektenpersönlichkeiten des 20. Jahrhunderts. Sein Werk mit Stahlbeton in Verbindung zu bringen, macht für den ersten Moment stutzig. Und doch

Frank Lloyd Wright, „Wasserfallhaus", 1936–1937

hat er mit dem Kaufmann House ‚Fallingwater' (1936–1937) bei Hill Run, Pennsylvania, eines der betontypischsten Bauwerke der ganzen Architekturepoche errichtet. Obwohl dieses Gebäude keineswegs monolithischer Beton ist – alle vertikalen Stützelemente und Wände bestehen aus Naturstein –, wurde das nach allen Seiten rechtwinklige Auskragen von Betonplatten, die wie im freien Vortrieb realisierte Brückenbahnen wirken – kastenartig und gerade durch ihre Gewichtigkeit scheinbare Aufhebung der Schwerkraft demonstrierend – eine der überzeugendsten Interpretationen gestalteten Stahlbetons. Hinzu kommt die lapidar-raffinierte Verzahnung von Kultur und Natur, verstärkt durch weitere räumlich-materielle Durchdringung. Das Verhältnis zwischen dem Wasserfall und der abstrakt wirkenden Stereometrie der auskragenden Körper zeigt die ganze Spannung zwischen Artefakt und dem, was wir für natürlich erachten.

Das Verwaltungsgebäude der Johnson Wax Company in Racine, Wisconsin (1936–1939), ist eine hermetische Architektur, welche, obwohl sie auch höchst raffiniert in Stahlbeton konstruiert ist, kaum betontypisch erscheint, während das Guggenheim Museum (1943–1946, 1956–1959) in seiner spiralförmigen Plastizität, des nach oben trichterartig sich weitenden Volumens wegen, eine Gestalt erhielt, die sich nur durch die Plastizität des Stahlbetons

Frank Lloyd Wright, Guggenheim Museum, Lichthof mit großer Rampe, 1943 – 1959

Le Corbusier, Rathenaustraße 1–3, Weißenhofsiedlung, Stuttgart, 1927

realisieren ließ. Wright hatte als ein von Ideen überquellender Künstler nicht das Verständnis für Material und dessen Selbstdarstellung. Als Erfinder von großer Neugier bediente er sich der Möglichkeiten und schöpfte sie so aus, daß Einheit zwischen Gestalt und Material entstand. In über siebzig äußerst fruchtbaren Architektenjahren hat er vieles versucht. Das meiste, von seiner Spätzeit abgesehen, ist als unübersehbare Bereicherung der Architektur des 20. Jahrhunderts zu betrachten; ohne ihn und seine von Ernst Wasmuth, Berlin, 1910/1911 veröffentlichten frühen ,Prärie-Häuser' wäre das Neue Bauen kaum so geworden, wie es sich nach dem Ersten Weltkrieg darstellte. Alle wurden von Frank Lloyd Wright angeregt: Mies van der Rohe, Gropius, aber auch Le Corbusier, obwohl dieser aus der konstruktiven Tradition Hennebiques kam, die ihm Perret vermittelt hatte, und obwohl Maillarts Einfluß sicherlich auch eine gewichtige Rolle gespielt hat. Auch die großartigen Ideen* Tony Garniers (1869–1948), die sich in typischen Stahlbetonformen niederschlugen – Stützen, Pilotis, Auskragung, plan libre, Bandfenster, Glaswände, Dach als Terrasse – finden sich bei Le Corbusier zunächst kaum umgesetzt wieder, ohne sich stahlbetontypisch, gestaltbildend auszuwirken.

Le Corbusier (1887–1965) war, ohne daß durch diese Aussage das Gewicht anderer Architektenpersönlichkeiten, wie Wright, Mies van der Rohe, Alvar Aalto, Jacobus J.P. Oud oder auch Walter Gropius gemindert würde, der einflußreichste Architekt und Präzeptor der Architekturmoderne. Eindrucksvoll interpretierte er den Gesamtgehalt der von klassizistischer Basis aufgebrochenen rationalen Architektur mit ihren freiheitlichen, gleichheitlichen und offen konvivialen Ideen. Die technische Revolution als Vorbereitung und Wegbegleiterin der gesellschaftlichen Revolutionen und Veränderungen des 18. und 19. Jahrhunderts wurde als Vehikel zur Freiheit des Individuums gesehen. Die neuen Möglichkeiten des Stahls, des Betons und des Glases waren mehr als technische Problemlösungen; die neuen, in Massenproduktion herstellbaren Baustoffe erhielten den Charakter von Symbolen. Theoretisch hatte Le Corbusier bereits 1914–1915 sein Dom-ino-System – Stockwerksplatten auf zurückgesetzten Stützen, allseitig addierbar und total frei in der Aufteilung mangels tragender Wände – entwickelt. Betontypische Gestalt wurde aber auf diese Weise nicht bewirkt. Auch sein zweites Serienhausprojekt, das Citrohan-Haus, Stuttgart 1927, kubistisch beeinflußtes

---

* Projekt ,Une cité industrielle', 1901–1904

Schachtelwerk mit tragenden Schotten und in der zweiten Version teils aufgestützt, ist nicht betontypisch. Die gesamte kubistisch inspirierte Architektur der Zeit folgte anderen Motiven. Die glatte Außenhaut sollte viel eher Annäherung an den abstrakten Idealkubus in Perfektion erbringen, als Konstruktionsprinzipien oder materialtypische Konstruktion zeigen. Selbst die manchmal komplizierten Durchdringungen des Stijl sind niemals vom Material her gedacht, sondern von der Fläche her zu verstehen. Aus solchem Verständnis heraus hat auch Le Corbusier seine Häuser der Weißenhofsiedlung und die berühmte Villa Savoye in Poissy (1929) mit ihren hängenden Gärten als schwerelose, auf nach größtmöglicher Schlankheit ausgewählten Stützen über dem Gelände schwebende Idealkuben konzipiert. Von Beton für diese Tragwerke kann keine Rede sein. Die unabhängige Tragstruktur bestand aus Stahl. Wichtiger als alle Konstruktion waren die Verschränkungen von Innen- und Außenraum, transitorische Begehbarkeit, waren die Aus- und Durchblicke, für die sich der Idealkubus öffnete.

Betontypisches scheint erstmals auf beim Schweizer Haus der Cité Universitaire in Paris. Dort wurde (1930–1932) ein allein schon materiell wuchtig und schwer wirkender Kubus, dessen konstruktives Gerippe übrigens eine reine Stahlkonstruktion ist, auf schwerer Grundplatte durch Pilotis aufgesetzt. Um die Kräfte zu versinnbildlichen, sind diese Pilotis – das ist eine spezifische Qualität des Betons – plastisch durchgebildet. Beim Projekt für den Sowjetpalast in Moskau von 1931 war Le Corbusiers Betongefühl nicht so entwickelt. Die dortigen Tragwerke, Rahmen, der hohe Parabelbogen, an welchem das Dach für die Bühne das großen Volkssaales abgehängt ist, wirken in ihrer unplastischen, wie ausgeschnittenen Härte eher stahltypisch. Davor liegt 1929 – dies ist aber eher anekdotisch und eine Hommage an Lambot – Le Corbusiers Ausbau eines Betonlastkahns zu einem schwimmenden Asyl für Clochards. Das Schiff lag oberhalb des Pont des Arts und wies, was die Aufbauten anging, eine klassische, wenig gestaltete Stützen-Träger-Platte-Konstruktion in Beton auf.

In der Folge zeigen sich im Oeuvre Le Corbusiers alle möglichen, für die moderne Architektur bedeutenden Erfindungen, etwa die völlig geschlossene Metall-Glas-Fassade, die wohl auf Gropius' Bauhaus-Werkstätten zurückgehen dürfte, der „pan de verre" der Cité de Refuge (von 1929–1933), deren Tragstruktur aus Betonplatten und Rahmen mit um 1,25 m hinter die Plattenvorderkante zurückgesetzten Rundstützen besteht. Der äußeren Erscheinung nach ist dieser Bau wiederum keineswegs betontypisch. Die Betonstütze wurde in erster Linie deshalb gewählt, weil man am Seineufer eine bis zu fünfzehn Meter tiefe Pfahlgründung einbringen mußte und ein Weiterbau in Beton auf dieser Basis wirtschaftlicher war.

1933, anläßlich der Barcelona-Planung für verarmte, vom Land geflohene Bauern, also eine Existenzminimum-Architektur, taucht unvermittelt Schottenbauweise auf; man denkt an 35 Jahre später bauübliche Konstruktionen. Liest man aber die Konstruktionsbeschreibung, so stellt man fest, daß wiederum kein Beton im Spiel ist, sondern Backstein und Stahl.

Das Verwirrspiel, eigens dazu angelegt, die ‚Betonkasten-Denunziation‘ ad absurdum zu führen, ließe sich beliebig fortsetzen. Uns interessiert aber die betontypische Form. Selbst beim größten Interpreten von Betonarchitektur müssen wir uns sehr gedulden, bis er in seiner stark vom Kubismus beeinflußten künstlerischen Entwicklung über seine Malerei zur Plastizität kam. Eine erneut sich dem Problem der gestalthaften Betonverwendung widmende Durchsicht der sieben Bände von Le Corbusiers Gesamtwerk bringt bis zur Studie der Bebauung des Quartier de la Marine in Algier von 1933 – 1939 so gut wie nichts Betontypisches, dafür aber Stahlbau, Mauerwerksbau bis hin zur Bruchsteinverwendung, sogar Pisé-Bauweise. Am Hochhaus für Algier taucht an den mit ‚brise-soleil‘ versehenen Fassaden erstmals eine räumliche Vergitterung auf, die nur als Betonkonstruktion vorstellbar ist: die ‚Unité étincelante‘, die leuchtende, funkelnde Großfiguration. Zur Plastizität unter der Sonne tritt nun auch bewußt die Lichtgestalt in der Nacht. Über den ‚brise-soleil‘, Le Corbusiers Erfindung nach seiner konsequenten Anwendung des ‚pan de verre‘, kommt Tiefe, Flächendurchdringung ins Spiel der Stereometrie; von jetzt an dürfen wir mit Beton rechnen. Die Beschäftigung mit traditionell mittelmeerischer Architektur hat Le Corbusier den Dampferoder Maschinenstil der Adaptation industrieller Formen und Oberflächen vergessen lassen. Nun wurde das gestaltete Volumen für Le Corbusier wichtiger als das Arrangement abstrakter, klassischer Körper.

Das Schlüsselwerk für den Durchbruch zum Betontypischen wurde die Konstruktion ‚L'Unité d'habitation de Grandeur Conforme‘, deren erste Verwirklichung dann die Wohneinheit in Marseille (1947 – 1949) war. Diesmal erhebt sich, darin dem rund vierzehn Jahre früheren Beispiel, dem Schweizer Haus der Cité Universitaire, folgend, auf einer mächtigen, betonplastischen, fast kapitellartigen Platte, die auf plastisch durchgeformten, den Kräfteverlauf zeigenden Pilotis über den natürlichen Erdboden gehoben ist – man ist an das alte Motiv ‚Kapitell und Säule‘ erinnert – ein Stahlbeton-Stahltragegerüst. Le

Le Corbusier, La Cité d'Affaires, Algier, 1939

Le Corbusier, L'Unité d'Habitation Marseille, 1952, Dachterrasse

Corbusier hat es als ‚Flaschengestell' bezeichnet, in das die Wohneinheiten als vorgefertigte Zellen geschoben würden. Wieder sind es die ‚brise-soleil', nun in Form einer vorgesetzten Struktur aus Loggien und Brüstungen – erstere in Ortbeton, letztere aus vorgefertigten Teilen hergestellt –, die einer gesteigerten, insgesamt monumental wirkenden Plastizität Ausdruck geben. Zugleich wird die Gußtechnik des Betons für skulpturale Zwecke, wie für das in die Schalung eingelegte Positiv-Negativ-Relief des Modulor und andere Darstellungen genutzt. Weitere plastische Bauteile feiern nun das, was Le Cor-

Le Corbusier, Kloster Sainte Marie de la Tourette, Oratorium und Bibliothek,
1956–1960

busier „ciment armé, béton brut, ciment vibré" nennt und als sein neues
Material erkannt hat. Berühmt geworden und besonders typisch für die neue,
freie Gestaltungsweise sind vor allem die Dachaufbauten der Unité in Marseille.

Zu den wohl meist diskutierten, ebenso bewunderten wie abgelehnten Wer-
ken gehört die Wallfahrtskapelle „Notre-Dame-du-Haut" in Ronchamp
(1950–1953). Es hat nur wenige Bauwerke der Moderne gegeben, deren unge-
lenk-eilfertige Nachahmung mehr schlechte Architektur erzeugt hätte. Ist

nun dieser Bau, eine differenzierte räumliche Skulptur, deren äußere Gestik weit in die Landschaft ausgreift, typische Betonarchitektur? Auf den ersten Blick würde man dies bejahen. Le Corbusier war aber nie ein Konstruktionspurist wie etwa Mies van der Rohe. So auch hier nicht. Das Dach, die wohl signifikanteste Betonverwendung an dieser Kirche, besteht aus zwei durch Betonspanten 2,26 Meter auseinandergehaltenen, gekrümmten Platten, ein steifes Tragwerk, welches gewaltig lastendes Volumen vorgibt und konstruktiv eher einer spantenverstärkten Flugzeugtragfläche als einer betontypischen Schalenkonstruktion gleicht. Betontypisch also? Ja und Nein. Die voluminösen Wände mit starkem Tallus und tiefen, schartenartigen Lichtführungen sind, obwohl sie den Eindruck schierer Massigkeit erwecken, keinesfalls monolithisch. Die Rahmenstiele der Dachkonstruktion wurden als tragende Scheiben mit unterschiedlich schrägem Anfall ausgeführt und sowohl innen als auch außen mit Bruchsteinen ausgefacht. So zeigt sich die freie Form zwar als durch Beton ermöglicht, keineswegs aber als betontypisch. Gleiches wäre auch mit Stahl oder in einer Leichtverbundbauweise zu erreichen gewesen. Daß auf die Wandflächen mit der Torkretkanone ein reiner Zementmörtel in grober Struktur aufgebracht wurde, der dann, weiß gekalkt, die Schwere und archaische Massigkeit der Wände betont, ist keineswegs betontypisch. Das Torkretieren gehört zwar zu den Betontechniken, ist aber letztlich nichts anderes als eine Fortentwicklung des Rabitzens oder Putzens in freiem Anwurf.

So ist Ronchamp zwar unbestritten ein Hauptwerk Le Corbusiers, ein Durchbruch ohne den Chandigarh nicht denkbar gewesen wäre, trotzdem aber nur scheinbar ein Betonbau.

Will man wirklich Betontypisches von Le Corbusier sehen, so muß man ins Kloster „La Tourette" (1957 – 1960) gehen oder die großen Bauten von Chandigarh betrachten. In „La Tourette" feiert Le Corbusier den béton brut zum ersten Mal als das Material dominikanischer Askese, Direktheit und Wahrhaftigkeit. Der Bau ist begreifbar lapidar, Beton wird intelligent, sorgfältig, was die Textur angeht scheinbar sorglos als Material für dahinterliegende Erfahrung eingesetzt. In Chandigarh endlich tritt am Justizpalast (1950 – 1956) Stahlbeton als ein nach genialer Disposition geformtes Material auf, das durch kein anderes ersetzbar wäre.

Solche Betonverwendung wird maßstabbildend für andere Architekten, wie zum Beispiel Walter Förderer, Julius Dahinden und Fritz Wotruba, die Beton bevorzugten.

Le Corbusier, Haus des Baumwollspinnereiverbandes, Ahmedabad, 1954–1956

Rudolf Steiner, Goetheanum, Dornach, 1924–1928

Ein weiterer, aber in der Tradition der Unité stehender Bau ist das Sekretariat in Chandigarh, wo Beton wieder bewußt als schalungsrauh belassener Guß eingesetzt wird. Der Baustoff hat unter den Händen Le Corbusiers zu vollem Volumen, zu ergreifender Aussage gefunden, über die Konstruktion hinaus. Dies ist entscheidend.

Ob im Justizpalast oder im „Haus des Baumwollspinnereiverbandes" in Ahmedabad (1954 – 1956), Beton ist gestaltbestimmend, selbst wenn andere Materialien, andere Texturen maßgeblich an der Gesamtwirkung teilnehmen. Dies gilt auch für das Ahmedabad Museum (1953 – 1956) mit seinen großflächigen, wie modernes ‚opus testaceum' wirkenden Ziegelverkleidungen.

Beim 1961 – 1965 errichteten „Haus der Jugend und der Kultur" in Firminy-Vert zeigt sich eine eher technische Betonverwendung in Form eines an Stahlkabeln aufgehängten Betonplattenmontagedachs und durch nach oben schräg aufsteigende Wände, Kragung also von Flächen, wie sie sonst nur noch im Schiffsbau aus Stahl, bei solchem Anlaß mit anderen Formelementen vorkommt. Wesentlich aber bleibt für Le Corbusiers Werk nach dem Zweiten Weltkrieg die Auseinandersetzung mit dem plastischen Volumen unter dem Licht, als neue Erlebnisdimension, die niemals die Wiederaufnahme großer griechisch-mittelmeerischer Traditionen verleugnet.

Le Corbusier, dem man bis heute seine ‚Wohnmaschinen'-Äußerung, die ebenso verkürzt und dumm wiedergegeben wird wie Louis Sullivans „form follows function", vorhält, um ihn bequem denunzieren zu können, hat gerade mit dem Werkstoff Beton-Stahlbeton Archetypen der Architektur oder allgemeiner, menschlicher Behausung verwirklicht. Wenn in seinem Werk, vor allem im Frühwerk, so etwas wie ‚Kiste' vorkommt – „Kiste' als pejorativer Ausdruck für Kubus –, so war sie bei ihm niemals in Beton gedacht. Den eigentlichen ‚Betonkisten'-Bau – Ergebnis einer ökonomischen Optimierung, die den Rohbauanteil völlig überschätzte und durch mangelhafte Verfahren im Ausbau das kaum gewonnene Geld wieder verschleuderte – brachten erst die ‚Baukapitalisten' des öffentlich geförderten Massenwohnungsbaus zustande.

Daß Beton das Material für bauliche Plastik ist, hat im übrigen lange vor Le Corbusier der antihumaner und antibiologischer Denkweisen sicherlich unverdächtige Anthroposoph und Philosoph Rudolf Steiner in seinem zweiten

Rechts: Jorn Utzon, Ove Arup, Opernhaus, Sidney, 1956 – 1973

Kenzo Tange, Kagawa Prefectural Office Building, Takamatsu, 1955–1958

Walter Förderer, Hochschule in St. Gallen, 1959–1963, Treppenhaus

Goetheanum, 1924–1928 in Dornach bei Basel als Nachfolger eines abgebrannten Holzgebäudes entstanden, bewiesen. Steiners plastische Architektur ist reine Betonform; sie ließe sich in anderen Materialien kaum oder nur unter größten Schwierigkeiten verwirklichen. Die expressive Gestalt des Goetheanums ist ohne den Baustoff Beton nicht denkbar.

Was an Betonbauten aus Torrojas und Nervis Denken, Gestalten und sowohl gefühlsmäßigen als auch rationalen Vorgaben entstand, wurde schon in anderem Zusammenhang bedacht. Gerade Schalenkonstruktionen oder Faltwerke sind unverwechselbar typisch für Beton. Man denke an Eero Saarinens TWA Terminal auf dem Kennedy Airport, New York (1956–1962) und auch an Jörn Utzons Sidney Opera (1956–1973) mit ihren für den ganzen Kontinent zum Wahrzeichen gewordenen riesigen Schalen. Dies sind ebenso typische Betonarchitekturen wie Kenzo Tanges Kagawa Prefectural Office; in seiner anderen, aus Quellen der japanischen Architekturphilosophie gespeisten Schaffensweise setzt Tange Beton wie Holz ein, fügt also die Bauglieder atypisch und additiv. Gerade diese auf Übersetzung altjapanischer Zimmermannskunst angelegte Architektur, staunenerregend und eigentlich fremdartig in ihrer Tektonik, aber so typisch, daß leichtes Kopieren sich anbot, hat sich hierzulande als schattenerzeugende Fassadendekoration mit Betonfertigteilen verheerend ausgewirkt. Die strukturelle Luzidität des japanischen Holzbaus hat im westlichen Kulturkreis keine Parallele. Wie aber sollte modisch flachen Köpfen mittels grober Fertigbetonteile, während des raschen Geschäfts mit dem Bauen, eine geistvolle Übersetzung gelingen?

Bevor wir betontypische Raumzellenplastiken am Beispiel des 1967 in Montreal errichteten „Habitat" betrachten, ist noch der eigentlich als Großplastik zu verstehende Betonbau einige Überlegungen wert. Walter Förderer, ursprünglich Bildhauer und in letzter Zeit nur noch als Bildhauer tätig, hat, wohl auch von Le Corbusier, seinem großen Schweizer Landsmann angeregt, Beton in kubisch vielfältiger Weise für seine Raumwirkungen und Baukörper eingesetzt. Dabei hat er ein Spiel von Volumina „unter dem Licht", nach Le Corbusiers klassischer Definition, erreicht, das dem Beton seine Schwere läßt und ihn dennoch entmaterialisiert. Das obstinate Bestehen auf einem Material, dem Stahlbeton, hat bei Förderer geradezu kosmologische Dimension. St. Konrad in Schaffhausen (1969–1971) und die Hochschule für Wirtschafts- und Sozialwissenschaften in St. Gallen (1959–1963) sind wohl als seine

Frederick Kiesler, Modell für das Endlos-Haus

Claude Parent, Paul Virilio, Kirche St. Bernadette, Nevers, 1964 – 1966

Hauptwerke anzusehen, Symbole einer typisch alemannischen Verschränkung von Denken und Handeln, sensibler Hintersinn, konsequent in Beton durchgehalten.

Gottfried Böhms Benzberger Rathaus (1962–1967) ist demgegenüber in seinem Ausdruck nicht weniger ‚betonistisch‘, andererseits aber exzessiv expressionistisch, ohne den westlich kubistischen Einfluß. ‚Nibelungen-Beton‘, in Teilen an expressionistische Filmarchitektur erinnernd, so auch in Neviges, mit fortifikatorischen Anklängen an Werke* der Maginot-Linie – das ist keineswegs abwertend zu verstehen – tritt hier als große Geste auf. Im Vergleich dazu wirken Förderers Arbeiten geradezu mittelmeerisch.

Vollständig plastische und geradezu organoide Formen brachte der Bildhauer André Bloc in bewußt antiarchitektonischer Attitüde hervor. Eine Zeitlang sah es so aus, als ob seine Torkretkonstruktionen, vor allem auf Anhänger alternativer Architektur, einen gewissen Einfluß ausüben könnten. Auch ein bewußt antirationaler Architekt und Gestalter wie Frederick Kiesler – er war merkwürdigerweise einmal Mitarbeiter von Adolf Loos und stand auch der Stijl-Bewegung nahe – nutzte den Beton für seine surrealistischen Architekturen, die in gewisser Weise an Salvador Dali erinnern. Hier ist allerdings die Charakterlosigkeit des Materials, wie Mies van der Rohe sie gegeißelt hatte, ins Extrem getrieben; glasfaserverstärkter Kunststoff wäre eigentlich adäquater.

Mit einem Seitenblick auf Gottfried Böhm muß vermerkt werden, daß Claude Parent, ein Corbusier-Schüler, zusammen mit Paul Virilio, dem vom deutschen Atlantikwall Faszinierten, die Kirche Sainte Bernadette in Nevers nach Art der schweren, betonierten Artilleriebunker des Atlantikwalls gestaltet hat. Immer wieder haben diese rein funktionalen, fortifikatorischen Ansprüchen bestens genügenden Betonkörper die Phantasie erregt. Ja, man hat hier sogar gestalterische Absichten unterstellt und Parallelen zu Mendelsohns Einsteinturm gezogen. Solche Überlegungen lagen indes den meisten aus den Baustäben der Reichsmarine stammenden Ingenieuren wohl ganz fern. So betontypisch diese Bauten sind, in ihrer hohen plastischen Qualität müssen sie ganz dem Ingenieurbau zugerechnet werden, was allerdings nichts an der Faszination ändert, die diese Befestigungswerke beim Betrachter auslösen.

---

* Ouvrage Hackenberg, Block 8, westl. Saarlouis

Carlo Scarpa, Friedhof Brion S. Vito, Treviso, 1970–1972

Zu den größten Merkwürdigkeiten skulpturaler Betonverwendung gehört Carlo Scarpas 1970–1972 gebauter Friedhof Brion in San Vito d'Altivole bei Treviso. Scarpas Betonverwendung hat etwas vom Überfluß des Jugendstils und wirkt in vielen Details wie eine Umsetzung feiner Schreinerarbeiten. Gerade am Brion-Friedhof mit seinen unterschiedlichsten, formal verspielten Details wird die Positiv-Negativ-Wirkung des gegossenen Beton bis an die Grenzen formal hervorgehoben.

Einen Übergang zur bewohnbaren Großplastik bildet nach allgemeiner Auffassung Moshe Safdies „Habitat" in Montreal aus dem Jahre 1967, reine Betonarchitektur, ein Spiel mit vorgefertigten Wohnkuben, die hier erfreulich aus ihrer üblichen Starre gelöst werden. So entstand ein expressives Gebilde als Rückgriff auf Ideen, die schon in den frühen zwanziger Jahren verbreitet waren.

Auf den ersten Blick meint man, ein betontypisches Bauwerk vor sich zu haben; dann aber stellt man, nachdenklich geworden, rasch fest, daß die Konstruktion, die auf der Addition starrer, selbsttragender Kuben basiert, gestalterisch keineswegs auf Beton angewiesen ist. Dessen Verwendung ist eher fertigungstechnisch bedingt.

Durchdenkt man die Raumzellen, die modularen oder Großplattentechniken mit ihren seriellen Stereotypien weiter, dann kommt man zu dem Ergebnis, daß es sich bei allen Monotonien und durchweg Ablehnung erzeugenden Fällen keineswegs um den notwendigen Einsatz von Beton handelt. Zwar ist – im Hinblick auf die Wirtschaftlichkeit der Verwendung vorgefertigter Teile, auf den Preis und auch in bezug auf den Fertigungsprozeß – Beton an der Tagesordnung, von der Gestalt her erzwungen wird er weder bei Safdies „Habitat" noch bei anderen Raumzellenversuchen.

Schon allein vom Gewicht und der protoindustriellen Fertigungsweise des Gusses her erscheint Beton, rein technisch betrachtet also, als wenig günstig. Die aus ökonomischen oder gar aus Mangelgesichtspunkten einleuchtende Verwendung von Beton als Hauptmaterial hatte ihre große Zeit in der Ära der Massenwohnungsbeschaffung, und dies, der explodierenden Weltbevölkerung zufolge, beinahe weltweit.

Die in kurzen Zeiträumen erforderlich werdende Gesamtbauleistung – dahinter steckt die Notwendigkeit der Bedarfsdeckung, von massiven Geschäftsinteressen ganz abgesehen – wäre nur mit den Mitteln des traditionellen Bauhandwerks nicht mehr zu erbringen gewesen. So stürzte man sich

Peking, Neubauten 3. Ring, 1987

– die Erfahrungen in den zwanziger Jahren waren kaum ausgewertet worden
– wieder aufs Plattenbauen oder auf die „Ein-Stück-Wohnung" in Addition.
Dabei führten in der Bundesrepublik Bauvorschriften bald von der Kleintafel-
bauweise mit ihren modularen Möglichkeiten weg zur Großtafel und dann
zur Raumzelle. Schnell merkte man auch, daß Anstrengungen für die Ratio-
nalisierung des Rohbaus nicht genügten und daß die Hauptschwierigkeiten
beim Ausbau lägen. Dies führte dann konsequenterweise zu einer Abmage-
rung des Ausbaus und zu erheblichen Qualitätseinbußen.

In den Ländern Osteuropas und in der Volksrepublik China war die Industrialisierung des Bauens ideologisches Programm der kommunistischen Par-
teien, die das Handwerk als bürgerliche Wirtschaftsform nicht duldeten oder,
der raschen Industrialisierung bäuerlicher Gesellschaften wegen, überhaupt
nicht auf das Handwerk zurückgreifen konnten. Die Vergröberung der Tafel-
bauweise fand dort in noch erschreckenderem Maß als in den kapitalistischen
Gesellschaften statt. Das DDR-Bausystem WBS 70, in der Qualität schritt-

weise verbessert, war dennoch so auffällig monoton, daß in letzter Zeit sogar durch die Entwicklung historisierender Fassadenteile, die in innerstädtischen Sanierungsbereichen eingesetzt werden, versucht wurde, Variation zu schaffen: der späte Nachfahre der verunglückten Gropiusschen Großplattenversuche anläßlich der Bauhaussiedlung in Dessau-Törten 1926.
Immer wieder hat man betont, daß Industrialisierung nicht zur Monotonie führen müsse, doch man gab sich auf der untersten Stufe, der Verwendung klobiger Betonplatten, zufrieden. Variabel waren zumindest die westdeutschen Plattenbauweisen nie. Betontypisch waren sie, wie schon verdeutlicht, kaum je, dafür aber negativ gestaltprägend.

Faßt man die Ergebnisse dieses Überblicks zusammen, so zeigt sich, daß das moderne Bauen zwar dort von Beton geprägt ist, wo entweder die Verformung von Flächen oder die plastische Behandlung von Baugliedern sowie ganzen Kompositionen gesucht wird. In allen anderen Fällen ist Beton substituierbar, ohne daß eine Gestaltänderung erforderlich wäre. Das Wort von der ‚Allgegenwart‘ des Betons bzw. Stahlbetons ist zwar berechtigt; die Aufdringlichkeit und aggressive Gestaltbeherrschung des Materials ist aber zumindest in der Architektur eine auf Phobie beruhende Fiktion.
Unsinnige Verwendung, Einfallslosigkeit und Geschäftemacherei haben die Krise und die Verurteilung des Baustoffs bewirkt. Das eigentliche Versagen, das man nun einem Baustoff zuschiebt, liegt aber in der Ideologisierung rational bestimmbarer Vorgänge. Eine sorgfältige Industrialisierung des Bauwesens hätte sicherlich sämtliche physiologischen und psychologischen Bedürfnisse erfüllen können, ohne Verletzung der Gestaltsphäre. Wenn man aber, plump planwirtschaftlich, nur ökonomische Bedarfsdeckung betreibt, wie in Osteuropa und dabei noch gesellschaftspolitische Ziele durchsetzen möchte, oder wie im westdeutschen Wiederaufbau und vor allem Ausbau aus der Mangelsituation heraus auf rascheste, unreflektierte Bereitstellung hinarbeitet, dazu in Umkehrung der ‚Charta von Athen‘ das Wohnen in die Peripherie verbannt und massenhaft werden läßt, unter scheinheiligen bodenpolitischen Aspekten und mit maximalen Renditen, dann braucht man sich nicht über Fehlinvestitionen und Verdruß zu wundern.

Ausblicke

Heute, bei weitgehender Versorgung mit Wohnungen und rückläufiger Bevölkerung, auf große Anstrengungen zu intelligentem, rationalen Bauen zu hoffen, wäre wenig sinnvoll. Längst hat die Gesellschaft es hingenommen, daß Bauen ständig unangemessener Preisinflation unterliegt. Die Kosten für das relativ Wenige, das baulich erforderlich ist, können bei großen teils vergesellschafteten Programmen getragen werden. Der einzelne scheidet als Bauwilliger aus oder er sucht sich einen individuellen Ausweg, wie Selbstbau und Teilselbstbau. Die weltweite Umverteilung des Reichtums erlaubt die Wiedereinführung handwerklicher, bisher im Zeitalter des Kosten-Nutzen-Denkens als unproduktiv angesehener Bauleistung. Nachdem es gelungen ist, Arbeit für Menschen knapp zu machen, durch Einsatz Bedürfnisse weckender und befriedigender fortgeschrittener Technik, ist solcher Luxus, mindestens so lange keine Einbrüche ins Weltumverteilungssystem der entwickelten Staaten erfolgen, zu bezahlen, ja, sogar gesellschaftlich notwendig und förderbar, was natürlich die Verlängerung zynischer Egoismen der Arrivierten in die Zukunft bedeutet.

Welche Rolle wird der Beton spielen? Zunächst, als Konstuktionsmaterial im Anlagenbau aller Art, wird seine Verwendung eher weiter zunehmen. Noch ist die Infrastruktur für das Zeitalter der ressourcenschonenden Entsorgung nicht erstellt. Solche dringend notwendigen Bemühungen werden auch zu technischer Architektur führen. Man kann nur hoffen, daß eine solche Architektur als Chance zur Gestaltung begriffen wird und daß endlich optische Umweltverschmutzung und Ressourcenvergeudung nicht mehr als notwendige Begleiterscheinungen ökonomisch-gesellschaftlicher Prozesse angesehen werden.

Sollte sich solche Einsicht durchsetzen, dann wäre nicht nur der Containerbau-Architektur in Stahl, Glas und Kunststoffen, sondern auch dem Betonbau, der plastische Hüllgestalt für Großanlagen verwirklichen kann, verstärkt Aufmerksamkeit zu schenken.

Auch die Betonvorfertigung könnte auf vielen Feldern neue Qualität erlangen, wenn erst einmal eingesehen würde, daß es auf Dauer nichts bringt, grob und ästhetisch wahllos zu fertigen und dafür nach kürzester Betriebszeit unter allgemeiner Ablehnung unrentierlich zu werden. Im Bereich des städtischen Bauens stehen die Chancen, zu betongerechter Gestalthaftigkeit zu kommen, weniger gut. Konservatorisch ängstliche Mediokrität wird sich in Repliken gefallen. Die Freiheit und plastische Ausdruckskraft von Schürmanns Groß St. Martins-Bebauung in Köln wird Ausnahme bleiben.

Daß man den Beton in Verkehrsbauten unter Ausnutzung seiner großen Möglichkeiten gestalthaft einsetzt, ist ebenfalls unwahrscheinlich, da auf diesem Gebiet, abgesehen von seltenen Beispielen im Brückenbau, keinerlei Kreativität angewandt wird.

Im nichtstädtischen oder geschlossenen Siedlungsbau wird es kaum gelingen, die guten Ideen von Teilvorfertigung für partizipatorische Modelle breiter ins Spiel zu bringen. Rasche Veränderung im Gruppenverhalten läßt die notwendigen Anlaufzeiten kaum zu. In den entwickelten Luxusgesellschaften fehlt auch der Bedarf, und andere Gesellschaften sind zu arm, die erheblichen Vorinvestitionen zu leisten.

Betonhaut als Textur, béton brut, Sichtbeton − oder wie man die gestaltbewirkenden Betonoberflächen sonst noch nennen will − scheidet wohl insgesamt der starken Belastung durch Kohlendioxid und saurer Atmosphärilien wegen aus. Neue Beschichtungsarten werden notwendig. Noch ist nichts ästhetisch Vertretbares entwickelt worden, das dem Beton seine Eigenheit läßt und ihn trotzdem schützt. Es hat den Anschein, daß sich die Betonkonstruktion wieder zurückzieht in die Logik der Tragwerke und auf Selbstdarstellung verzichten muß. Die Ästhetik des Monolithismus, des Lapidaren, letztlich eine Wertvorstellung des Hausteinbaus, die, wie von Winckelmann falsch, aber kulturprägend verstanden, vom griechischen Tempelbau her über die Romanik und Gotik auf uns gewirkt hat, ist wohl kaum zu erhalten.

Die Vorstellung von der komplexen Leistung eines Baustoffs − Tragen, Abgrenzen, Wärmen, Lärmabwehr, dazu die Idee, er müsse aus einem Guß sein und ohne Nachbehandlung auskommen − ist sicherlich zu romantisch, um sich gegenüber allen auftretenden Schwierigkeiten und ökonomischen Nachteilen behaupten zu können. Der Faszination eines Architekten, der Beton aus einem Guß verwirklicht und dabei bis ins einzelne Voraussicht und Umsicht walten lassen muß, da Korrekturen kaum ohne Verrat an der Absicht und sichtbare Mängel möglich sind, entspricht keineswegs die Bereitschaft der Nutzer, sich vom Baustoff Beton faszinieren zu lassen.

Archetypisches steht heute nicht auf dem Programm. Lapidares muß alt sein oder alt erscheinen; ist es neu, gilt es als primitiv, zumindest wirkt es elitär und wird schon aus diesem Grund abgelehnt.

Die lyrische Dimension des Betonbaus hat im übrigen Le Corbusier so ausgelebt, daß nahezu alles, was danach kommen könnte, zur Nachempfindung wird. Die andere Möglichkeit, jene der Aneignung für sich selbst, ist kaum mehr als eine private Angelegenheit und Unbekannten – das sind Architekturnutzer ja meist – kaum vermittelbar.

Jegliche Voraussage ist riskant, weil Architektur nun endgültig in die Konsum-Geschmackssphäre gelangt zu sein scheint, also trivialisiert ist und von anderen, heutiger Pluralität entsprechenderen Medien der Sinn- und Gestaltvermittlung abgelöst wird. Bei solcher Konstellation kann sich rasch alles verändern, ja wenden.

Trotzdem ist es kein Wagnis, dem gestalthaften Beton in der Architektur wenig Zukunft einzuräumen. Zwar könnte der derzeitige Revisionismus-Regionalismus bald wieder, auch unter ökologischen Gesichtspunkten, einer weit verstanden rationaleren Architekturauffassung weichen. Zu denken wäre an eine Neuentdeckung von Le Corbusiers von Bauten freigehaltenem Terrain, der ‚jardins suspendus‘, und an die grüne Rückgewinnung der Dachlandschaften durch Bepflanzung. Doch all dies erfordert nur Beton für die Tragwerke, im Sinn von Platte und Stütze, Schotte und Platte, nicht aber gestaltbewirkende Betonanwendung, etwa nach Art von Otto Steidles expressiven, konstruktivistischen Betonfertigteilgebärden, hinter denen, vom Gesetz der ‚ästhetischen Ökonomie‘ aus beurteilt, nur modisch-technoide Antriebe stehen.*

Unübersehbar gewaltige Anwendungen gäbe es für einen wirklich modernen modular-kompatiblen, durch Betonelemente zu bewirkenden Fertigbau in den sogenannten Entwicklungsländern. Man könnte sich sogar vorstellen, daß solche Systeme bei intelligenter Konstruktion gestaltwirksam würden und nicht nur Substruktion darstellen. Wer aber sollte solche Leistung erbrin-

---

* „Ästhetische Ökonomie‘ bedeutet nichts anderes, als mit höchstem Einsatz an Intelligenz, Einfühlungsvermögen und Wissen und unter geringstem Einsatz von materiellen Ressourcen ein Optimum an physischem und psychischem Nutzen zu erreichen." (Aus: Christoph Hackelsberger, Plädoyer für eine Befreiung des Wohnens aus den Zwängen sinnloser Perfektion, Braunschweig 1985)

gen, wer die Entwicklungen vorantreiben und wer vor allem die komplexe Aufgabe der Fertigung und Logistik übernehmen? Die bisherigen Erfahrungen, vor allem in den Staaten Osteuropas, aber auch in China, sind ernüchternd, ja, bedrückend.

Die rationale Architektur ist nur bedingt materialabhängig. Sie hat sich zwar durch neue Materialien – Eisen, Eisenbeton, großflächiges Glas und verleimtes Holz – von den tradierten Hauptbaustoffen gelöst, entstand aber nicht als Materialisation der Möglichkeiten, sondern in der Erkenntnis der geistig-gesellschaftlichen Veränderungen des 18. und 19. Jahrhunderts. Es wird oft gesagt, wir hätten die Ziele der geistigen Bewegung der Aufklärung erreicht, wenn auch nicht sinnvoll erfüllt, so doch mehr oder minder ausgefüllt; tatsächlich haben wir nur den Apparat zur Erlangung der ursprünglichen Vorstellungen geschaffen, ohne ihn richtig einzusetzen. Deshalb – und dies ist der tiefere Sinn der Erwägungen über den ‚Beton als Stein der Weisen‘ – gilt es nun nicht, die Ziele an Hand der Fehlschläge zu korrigieren, dem Beton also Schuld zuzuweisen, weil Siedlungspolitik und Städtebau versagt haben, sondern den Weg zu den Zielen neu zu definieren und zu begehen.

Das kann niemals ein Rückweg sein. Wir sind nicht vom Ziel abgedrängt worden, sondern in eine Umlaufbahn geraten. Für das Verlassen einer solchen Situation brauchen wir Klarheit und neue Antriebe statt billiger Ausreden. ‚Zubetoniert‘ ist im finalen Sinn nichts, wenn Gesellschaften lebendig sind. Teilzubetoniert, von Sattheit, Furcht und Egoismus ist allerdings die Wohlstands- und Freizeitgesellschaft unter kongenialer Führung ihrer Mandatare. An diesen hartgewordenen Brei voller fossiler Trümmer sollten wir die Preßlufthämmer setzen; das wäre lohnender als das Jammern über die baulichen Dummheiten von vorgestern.

Die Stupiditäten von heute hält die schlecht beratene Mehrheit, besserer Kaschierung wegen, derzeit noch für gescheit, sicherlich nur auf baldigen Widerruf. Deren Zustandekommen geschieht in gewohnter Geistferne, bis auf weiteres.

Ist das Pessimismus? Nein, es ist die fröhlich-zynische Hoffnung, zuviel Dumpfheit werde, wie bislang stets, Gegenkräfte auf den Plan rufen. Warum sollte also auf den verwaschenen Kommerz-Eklektizismus nicht wieder ein neues Bauen entstehen? Beton, Stein der Weisen? Nein.

Betonvermeidung und -beschimpfung aber ist auch kein gutes Alibi für die Dummen; für eine Generalabrechnung mit der Architektur des 20. Jahrhunderts eignet sich Betonschelte keineswegs. Auch dieses Jahrhundert wird sich nicht selbst verstehen, dazu sind seine Äußerungen zu komplex. Vielleicht wird das nächste herausfiltern, was weiterführt. Wir haben Ähnliches, nach vollständiger Ablehnung, mit dem 19. Jahrhundert erfahren. Das ließe hoffen für die Menschen – und für endlich menschlichen Bedingungen entsprechendes Bauen der Zukunft.

Schinkel, der in den letzten Jahren viel Mißbrauchte, schrieb 1834:
„Das Ideal in der Baukunst ist nur dann völlig erreicht, wenn ein Gebäude seinem Zwecke in allen Theilen und im Ganzen in geistiger und physischer Hinsicht vollkommen entspricht.
Es folgt hieraus schon von selbst, daß das Streben nach dem Ideal in jeder Zeit sich nach den neu eintretenden Anforderungen modificiren wird, daß das schöne Material, welches die verschiedenen Zeiten für die Kunst bereits niedergelegt haben, den neuesten Anforderungen theils näher, theils ferner liegt und deshalb in der Anwendung für diese mannigfach modificirt werden muß, daß auch ganz neue Erfindungen nothwendig werden, um zum Ziele zu gelangen, und daß, um ein wahrhaft historisches Werk hervorzubringen, nicht abgeschlossenes Historisches zu wiederholen ist, wodurch keine Geschichte erzeugt wird, sondern ein solches Neue geschaffen werden muß, welches im Stande ist, eine wirkliche Fortsetzung der Geschichte zuzulassen.“
Karl Friedrich Schinkel, 1834, in einem Schreiben an den Kronprinzen (dem späteren König Maximilian II.) von Bayern

Und Le Corbusier, dem in diesem Buch eher zu wenig als zu viel Aufmerksamkeit geschenkt wurde, schrieb einen Monat vor seinem Tod, im Juli 1965:
„Das Denkmal der Offenen Hand, zum Beispiel, ist kein politisches Wahrzeichen, ein Gebilde von Politikern. Es ist eine Gestaltung aus eines Architekten Geist, es ist ein Sonderfall menschlicher Unvoreingenommenheit: der Gestalter gehorcht den Gesetzen der Physik, der Chemie, der Biologie, der Ethik, der Ästhetik, alles in einer einzigen Garbe vereinigt: das Haus, die Stadt.
Die Politik dagegen kennt weder Physik noch Chemie, Materialien, Schwerkraft, Biologie. Ohne diese birst ja alles, bricht ja alles zusammen. Wie beim Flugzeug: entweder fliegt es, oder es fliegt nicht; lange bleibt die Bestätigung nicht aus. Infolgedessen stellt man bei der Betrachtung des Vorganges Mensch – Materie (Vielfalt der Erscheinungen) fest, daß alles möglich ist und alle Konflikte lösbar sind.
Nur darf es nicht an Überzeugung fehlen; die Probleme müssen angefaßt werden, die Hände geöffnet sein für alle Stoffe, Techniken und Ideen, die Lösung muß

gefunden werden. Man soll zufrieden sein, glücklich und unverzagt. Wer macht mit?

Diese Offene Hand soll in Chandigarh als Zeichen des Friedens und der Versöhnung errichtet werden. Dieses mich seit Jahren in meinem Unterbewußtsein beschäftigende Symbol muß entstehen als Zeugnis harmonischen Daseins. Aufhören müssen die Kriegshändel, auch der Kalte Krieg muß aufhören ein Geschäft zu sein. Wir müssen den Frieden schaffen, Friedensarbeiten beschließen. Das Geld ist ja nur ein Mittel. Da ist Gott und da der Teufel – die Kräfte stehen einander gegenüber. Der Teufel ist überzählig: die Welt 1965 soll sich dem Frieden widmen. Noch ist Zeit zur Wahl; ausrüsten statt aufrüsten. Dieses Symbol der Offenen Hand, das die geschaffenen Güter empfängt, um sie den Völkern zu bieten, soll das Zeichen unserer Epoche sein. Wenn ich einst in den Himmelssphären unter Gottes Sternen weile, würde ich glücklich sein, diese Offene Hand in Chandigarh sich gegen das Himalayagebirge am Horizont abheben zu sehen, da sie für mich, Le Corbusier, eine Errungenschaft, eine Wegstrecke bedeutet hat. Sie, André Malraux, euch, meine Mitarbeiter, euch, meine Freunde, bitte ich, mir zu helfen, dieses Zeichen der Offenen Hand in den Himmel von Chandigarh, der von Gandhis Jünger Nehru gewollten Stadt, zu errichten.

Dieser Tage war ich daran, das Manuskript eines im Jahre 1911 geschriebenen Buches zu korrigieren: ‚Die Orientreise‘. Tobito, ein früherer Mitarbeiter im Atelier 35, rue de Sèvres, besuchte mich in meiner Wohnung, rue Nungesser, von Venezuela her kommend. Jean Petit kam dann mit dem Text der ‚Orientreise‘. Wir haben zusammen einen Pastis getrunken und viel geplaudert. Ich erinnere mich, wie ich zu ihnen beiden sagte, die Richtlinien des jungen Charles-Edouard Jeanneret, zur Zeit seiner Orientreise, seien dieselben gewesen wie die des Vaters Corbu. Alles ist Sache der Ausdauer, der Arbeit, des Mutes. Es gibt keine Zeichen im Himmel, aber der Mut ist eine innere Kraft, die zur Existenz befähigt oder auch nicht. Ich war glücklich, Tobito wiederzusehen; festzustellen, daß er vorwärts geht und zu den Getreuen gehört.

Als wir auseinandergingen, sagte ich zu Tobito, der nächstes Jahr wiederzukommen gedachte: ‚Ja, in Paris oder auf einem andern Planeten . . .‘, und ich dachte mir: ‚Dann werden sie wohl von Zeit zu Zeit einen lieben Gedanken haben für den Vater Corbu.‘

Als ich wieder allein war, fiel mir dieser wunderbare Satz aus der Offenbarung ein: ‚Es ward eine Stille in dem Himmel bei einer halben Stunde.‘

Gewiß, nur der Gedanke läßt sich übertragen.

Dieser Gedanke kann zu einem Sieg über das Schicksal oder zu einer Niederlage

führen jenseits des Todes, und wohl auch eine unvorhergesehene Bedeutung er-
langen.

Gewiß, die Politiker sind Ausbeuter und benützen die schwachen Seiten der Leute,
um sich eine Wählerschaft zu sichern. Sie versuchen, den Schwachen, Unentschie-
denen, Ängstlichen Versicherungen zu geben. Doch das Leben entsteht wirklich
nur in der Gestaltung, deren Urbild schon auf den Weiden und in den Herden
leuchtet, in verlassenen Geländen, in jenen Riesenstädten, die man einst wird
schleifen müssen, auf den Arbeitsplätzen, in den Fabriken, die schön gestaltet
werden sollten, wie eine helle Begeisterung . . . fern von der Routine und fern von
den eingebildeten Beamten.

Der Mensch *muß wiedererobert werden. Die gerade Linie, die zu den Urgesetzen*
führt:

Biologie, Natur, Weltall. Die unbiegsame Gerade, straff wie des Meeres Horizont.
Der Berufsmensch soll auch unbiegsam sein wie des Meeres Horizont, ein Werk-
zeug und Meßinstrument, ein Anhaltspunkt im Beweglichen, Schwankenden.
Seine soziale Rolle ist klar.

Er muß hellsichtig sein. Seine Schüler haben seine Rechtwinkligkeit, seine Recht-
schaffenheit befolgt. Moral: auf Ehrenbezeugungen pfeifen, mit sich selber fertig
werden, nach Wissen und Gewissen handeln. Mit heroischen Zügen kann man
nichts behandeln, unternehmen und schaffen.

Dies alles geht durch den Kopf, wird Ausdruck und Form, gemächlich, im Laufe
eines Lebens, welches entflieht, daß einem schwindlig zumute wird, bis zum un-
bestimmbaren Ende.“

Bibliographie

Argan, Giulio Carlo, *Die Kunst des 20. Jahrhunderts 1880–1940*, Berlin 1977

Durth, Werner, *Deutsche Architekten. Biographische Verflechtungen 1900–1970*, Braunschweig/Wiesbaden 1986

Coignet, François, *Béton aggloméré appliqué à l'art de construire*, Paris 1861

Giedion, Sigfried, *Bauen in Frankreich, Bauen in Eisen, Bauen in Eisenbeton*, Leipzig, Berlin 1928

Goldsmith, Edward, *Planspiel zum Überleben*, Stuttgart 1972

Fischer, Wend, *Die verborgene Vernunft*, München 1971

Fridell, Egon, *Kulturgeschichte der Neuzeit*, München 1954

Gruhl, Herbert, *Ein Planet wird geplündert*, Frankfurt 1975

Günschel, Günter, *Große Konstrukteure 1*, Frankfurt/Berlin 1966

Hackelsberger, Christoph, *Das k. k. Festungsviereck in Lombardo-Venetien*, München 1980

Ders., *Die gebaute Vernunft, romantischer Traum oder konkrete Hoffnung?* in: Traum der Vernunft, vom Elend der Aufklärung, Darmstadt/Neuwied 1986

Ders., *Plädoyer für eine Befreiung des Wohnens aus den Zwängen sinnloser Perfektion*, Braunschweig/Wiesbaden 1983

Ders., *Die aufgeschobene Moderne*, München 1985

Haegermann, Gustav, Günter Huberti und Hans Möll, *Vom Caementum zum Spannbeton*, Wiesbaden/Berlin 1964

Hennig-Schefold, Monica und Inge Schaefer, *Struktur und Dekoration*, werk-Buch 4, o. J.

Hitchcock, Henry-Russell und Philip Johnson, *Der Internationale Stil 1932*, Braunschweig/Wiesbaden 1985

Jaspers, Karl, *Vom Ursprung und Ziel der Geschichte*, München 1983

Jungwirth, Dieter, Erwin Beyer und Peter Grübl, *Dauerhafte Betonbauwerke*, Düsseldorf 1986

Kähler, Gert, *Das Dampfermotiv in der Baukunst*, Braunschweig/Wiesbaden 1981

Le Corbusier, *Oeuvres complètes,* Zürich 1948–1970

Meyer, Alfred Gotthold, *Eisenbauten,* Eßlingen 1907

Oechslin, Werner,... *auch wenn die Architektur von der Mathematik abhängig ist...,* in: Daidalos Nr. 18, 1985

Prittwitz und Gaffron Moritz v., *Über die Leitung großer Bauten mit besonderer Beziehung auf die Festungsbauten von Posen und Ulm,* Berlin 1860

Rondelet, Jean Baptiste, *Traité de l'Art de Bâtir,* Paris 1802

Saddy, Pierre, *Ein Machwerk der Moderne, der armierte Sturz,* in: Daidalos Nr. 8, 1983

Schumacher, E.F., *Jenseits des Wachstums,* München 1974

Ders., *Die Rückkehr zum menschlichen Maß,* Hamburg 1977

Sloterdijk, Peter, *Kritik der zynischen Vernunft,* Frankfurt 1983

Torroja, Eduardo, *Logik der Form,* München 1961

Vischer, Julius und Ludwig Hilberseimer, *Beton als Gestalter,* Stuttgart 1928

Vitruvius Pollio, Marcus, *Zehn Bücher über Architektur,* Darmstadt 1981

Wingler, Hans M., *Das Bauhaus,* Bramsche 1975

Bildquellen

Die *kursiv* gesetzten Angaben weisen auf die jeweilige Seite im vorliegenden Buch hin.

Max Bächer, Walter Förderer. Architecture – Sculpture, Neuchâtel (Editions du Griffon) 1975, S. 129, B. 107
S. 103

Betonbau im Wandel der Zeit, Ratingen (Hrsg. Readymix-Transportbeton GmbH.) o.J., S. 15 (B. 18)
S. 99

W. Boesiger (Hrsg.), Le Corbusier, Oeuvre complète 1938–1946, Zürich (Editions Girsberger) 1950, S. 113
S. 95

W. Boesiger (Hrsg.), Le Corbusier. Oeuvre complète 1946–1952, Zürich (Editions Girsberger) 1953, S. 215
S. 96

W. Boesiger (Hrsg.), Le Corbusier. Oeuvre complète 1952–1957, Zürich (Editions Girsberger) 1957, S. 145
S. 99

Die verborgene Vernunft. Funktionale Gestaltung im 19. Jahrhundert, München 1971, B. 2
S. 63

Arthur Drexler, Transformationen in der modernen Architektur, Düsseldorf (Beton-Verlag) 1984, S. 33, 35, 58 (B. 68)
S. 101, 105, 105

Anton Henze, La Tourette. Le Corbusier's erster Klosterbau, Starnberg (Josef Keller Verlag) 1963, S. 27
S. 97

Vittorio Magnago Lampugnani (Hrsg.), Lexikon der Architektur des 20. Jahrhunderts, Stuttgart (Hatje Verlag) 1983, S. 310
S. 102

Jürgen Joedicke und Christian Plath, Die Weißenhofsiedlung, Stuttgart (Karl Krämer Verlag) 1977, S. 39
S. 91

Pier Luigi Nervi – Bauten und Projekte, Stuttgart (Hatje Verlag) 1957, S. 31, 43, 49 (B. 7)
Umschlagseite 1, S. 79, 71

Nikolaus Pevsner, Europäische Architektur, München (Prestel Verlag) 1957, S. 667, 684
S. 86, 87

SD (Space Design), Heft 06, Tokio 1977, S. 19
S. 107

Vincent Scully Jr., Frank Lloyd Wright, Ravensburg (Otto Maier Verlag) 1960, B. 74, 116
S. 89, 90

Julius Vischer und Ludwig Hilberseimer, Beton als Gestalter, Stuttgart (Julius Hoffmann Verlag) 1928, S. 30 (B. 47), S. 47 (B. 86), S. 51 (B. 92, 93), S. 60 (B. 114), S. 63 (B. 119), S. 95 (B. 200)
S. 84, 17, 83, 83, 73, 84, 78

vom Verfasser
S. 20, 22, 44, 109

Bauwelt Fundamente

---

*vergriffen

Christoph Hackelsberger

Plädoyer für eine Befreiung des Wohnens aus den Zwängen sinnloser Perfektion

Hausbau/Wohnungswesen

Band 68 der Bauwelt Fundamente
2. Auflage 1985. 118 Seiten mit 32 Abbildungen

ARCHITEKTUR ■ BEI VIEWEG